DO FLYING ROBOTS DREAM OF BLACK CATS?

空飛ぶロボットは黒猫の夢を見るか？

TSUYOSHI TAKASHIRO

高城 剛

はじめに

2015年、ドローンは突然、世間の注目を浴びた

「未来が見えていた」人たちが成功する

おそらく本書は、巷にあふれるドローン（Drone）本とは少しばかり異なる。

今日、スマートフォンが何であるのかを事細かに語るのがバカらしいのと同じで、ドローンが何なのかを詳細まで語るような本ではない。

また本書は、見方によっては、ドローンに魅せられ、この数年間で総額1000万

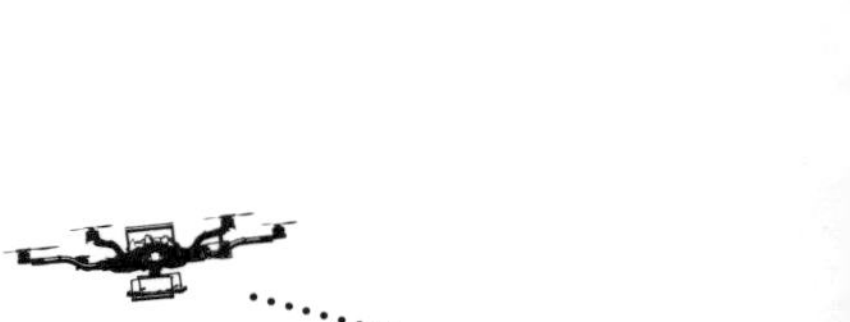

円を超える数十台の機体を購入した男の悲哀の物語とも言える。本書のタイトルを『アイ・ラブ・ドローン！』にしようか、真剣に迷ったほどだ。

まず話は、今から四半世紀近く前にさかのぼる。

１９９４年夏、僕はフロリダのディズニー・ワールドにいた。その年は、学生時代から毎年参加しているアメリカコンピュータ学会のＣＧ分科会（通称ＳＩＧＧＲＡＰＨ）の総会がオーランドで開催されていて、昼の学会とは違う挑戦的なプレゼンテーションが、夜な夜なディズニー・ワールドで行われていた。例えば、人工ビーチに巨大なグラフィック・スーパーコンピュータを並べて生成したリアルタイム高解像度テレビゲームや、その中に登場するディズニーキャラクターとＶＲ《バーチャル・リアリティ》ゴーグルをかけながら踊る拡張現実アプリケーションなど、夜は夜で楽しい数日間だった。

そこで僕は、とても興味深い実験を目にした。それは「ビデオ・オン・デマンド」と呼ばれるもので、将来、高速ネットワークが各家庭に入ると、ビデオレンタル店に行かなくてもクリックひとつで家のモニターに見たい映画を瞬時に映し出すことができる、というものだった。

当時はまだインターネット黎明期で、グーグルやYahoo!どころかITという言葉すらもなく、大手企業が自社サイトを立ち上げるはるか前の時代で、WEBサイトそのものを見たこともない人がほとんどだった。

そんな時代に画期的な実験を主催したタイム・ワーナーは、映像だけでなく、音楽も書籍も「リアルなストア」にわざわざ出向いて購入したりレンタルする必要がなくなる、と参加者に説明していた。しかし、旅先で一緒になった日本のジャーナリストが、「これは国土が広いアメリカでの話で、日本は国土が小さく、女性が夜中でもひとりでレンタルビデオ店に出かけられるほど安全なので、普及しないな」と話していたのをよく覚えている。

さて、それからおよそ四半世紀後の今日。現実はどうだろう？　誰もが家にいながら、ネットワークを通じて映像を購入もしくはレンタルし、同様に音楽や書籍も家にいながら入手できる時代になった。いや、正確には「家」ではなく「どこでも」だが。もしかしたら、本書をそのようにして入手した読者も多いのではないだろうか。

前出のジャーナリストとは違い、1994年当時にタイム・ワーナーがフロリダで数カ月行った実験を見て、「未来」を感じた者は大勢いた。高速ネットワークが各家庭を網羅し、家にいながら次々と映像を楽しめる「未来が見えていた」人たちが、今、多くのサービスを手がけて、ビジネスとして成功しているのは、言うまでもない。

2012年夏にドローンと出会い、再び〝懐かしい未来〟を感じた

時は、2012年の夏に戻る。その夏、僕はシーズン中ずっと、イビサでDJをして過ごした。

イビサは地中海に浮かぶスペインの島で、世界中のダンスミュージックの聖地として、長年知られている場所だ。そのイビサ島にある、ギネスブックにも載る世界最大のクラブで、毎週木曜日の深夜2時半からが僕の担当だった。

この「イビサの夏」は、毎年増える観光客に合わせて少しずつ広がり、今では6月第2週から10月第2週までの4カ月間を「夏」と呼んでいる。その間、僕はずっとイビサにいるわけで、確かに楽しいが、夜な夜な1万人を超える酔っ払い相手は次第に

気疲れし、そこで何か息抜きが必要だと考えた。

もちろん、イビサの楽しみはクラブだけではない。地中海のビーチは美しく、おいしいレストランもいっぱいある。だが、イビサ中のビーチを全部回って、すべてのおいしいレストランにも行き、週1度のレギュラーDJと、ゲストで他のクラブでプレイするDJと、そして友人のパーティに遊びに行く日々を考えると、週に5日は明け方まで仕事に私事にと大暴れしていることになる。だから、僕は今までとはまったく違う息抜きをしたくなっていた。

また、イビサといえば、先端を行くイメージと重なって聞こえはいいが、地元の友人たちとは「ここはバナナ共和国だから」と言って、インフラの遅れや品物不足に嘆きながら、いつも笑っていたものだ。必要なケーブルやプラグなどの仕事道具は、月に1度、飛行機で40分ほどのバルセロナまで買い出しに出向き、わざわざ仕入れなければならないほどだった。

バルセロナの空港から街までは、AeroBusと呼ばれる空港バスが便利で、街の中心地であるカタルーニャ広場まで安価でアクセスできる。帰りも同じようにカタルーニャ広場から空港までこのバスを利用するのだが、出発地のカタルーニャ広場にはバルセロナ唯一のデパート「エル・コルテ・イングレス」があって、「バナナ共和国」に戻る前にはいつも、ここで最後の買い物をしながら出発までの時間調整をしていた。上階には「バナナ共和国」にはない大きな家電コーナーがあって、外づけハードディスクからMacの周辺機器まで、ひと通りのものはここで購入が可能だった。

ある日、その家電コーナーの隅に、少しだけ変わった形のものを見つけた。それが、iPhoneで操縦して飛ばせるカメラ付きドローン、フランスのパロット（Parrot）の「AR・Drone2・0」だった。

前モデルであるカメラなしの機体を友人が持っていて飛ばしたことがあるが、まあ、おもちゃだと思った。楽しいには違いないが、そこまで楽しくもなかった。しかし、そのときの僕には、なぜかこのドローンが光って見えたのだ。

何となく予感はあった。イビサでの退屈しのぎのためだけでなく、何かを感じた僕は、気がつくとその大きな商品を抱えてレジに向かっていた。イビサで時間を持て余していた僕は、島に戻るやいなや、エージェントが借りてくれたアパートからわずか5分の場所にある夕日が美しいビーチへ、早速ドローンを持って出かけた。

初めてのフライトはそれなりに緊張するもので、その上思った通りにはなかなか飛ばない。だから楽しいとも思うし、イライラもする。

そして、見事に飛んだときの感じは、おそらくライト兄弟が世界初の有人飛行に成功したときの感動に近いであろうものがあった。とにかくうれしかった。そして、今までにない「新しい何か」を、この安普請のおもちゃに感じていた。

しかしその後、おもちゃ、市販機、自作機、業務機と、わずか3年半で30機を超えるドローンを手に入れるとは思わなかった。予算にしておよそ1000万円強。最高機種は300万円を超え、もはや自動車を買える値段である。ちなみに、今の僕は自動車を1台も所有していない。

今まで、かなりの大金をテクノロジーに貢いできた自負がある。この数年間のドローンに限らず、過去には1台数億円する画像処理専用のスーパーコンピュータから、指2本程度の大きさの世界最小スマートフォンまで、最新のテクノロジーが詰め込まれた逸品には目がない。使ってみなければテクノロジーはわからない、というのを言い訳に、また同時に、多額の勉強代を長く支払ってきただけあって、それなりにモノを見極める目も養われてきた（はずだ）。

だから、今、目の前にあるデバイスの可能性を、スペックではなく直感的に嗅ぎ分けられる力はそれなりにある（と信じて疑わない）。そして、久しぶりに「ドローン」に、懐かしい未来を感じたのだ。その懐かしさは、ネットワークが家庭に映画や音楽を運ぶ可能性を実感したあのとき、僕が四半世紀も前の１９９４年、フロリダのディズニー・ワールドで感じたものと同じだった。

インターネットは現実空間へ拡張していく時代に入る

現在、ドローンには大きな可能性があると、多くの識者は言う。空撮から農業、リアルな対戦ゲームやスピードレース、そして建築に兵器と、それなりのわかりやすい可能性があるのは確かだ。

中でも、アマゾンが提案した未来ビジョン映像「アマゾン・プレミア」の反響は大きい。デジタル化できないもの、例えば古書やスニーカー、そして薬まで、ドローンが各家庭にモノを運んでくる「それなりに現実的な未来」は、ただ興奮するだけでなく、コストの面からも納得がいく。

アマゾンは、ひとつの配送に高コストをかける企業として知られている。そして、そのコストの5分の1は不在配達にかかっている。日本の大手宅配便も同じように、不在配達率はおよそ5分の1。すなわち、人手をかけてわざわざ家まで運んでも、5回に1回は不在で再配達が必要になるということだ。集荷センターや集配センターなどのロジスティックスのハブは先鋭化したが、各人の家だけは非効率化がどうしても解消できない。英語で言う「ラストワンマイル（最後の1マイル）」こそ、最もコストがかかるのだ。

もし、このコストがロボティクスによって無人化するならば、企業にとって莫大な利益が見込めることになる。なにしろ、20％近い無駄を省けるからだ。

すでに、シンガポール郵便局はドローン配送の実験を開始し、スイス国営郵便事業会社は、山岳地帯の配送にドローンを実際に使用している。

こうなると、ドローンによる新しいネットワークは「現実社会のインターネット」になる。今から10年ほど前に出した自著『ヤバいぜっ！　デジタル日本』（集英社新書）に記したように、２０１６年前後には、デジタルだけで完結するサービスは大きな進化を望めなくなる。

その後は、ＵｂｅｒやＡｉｒｂｎｂといった「現実空間へ拡張していくインターネット」が中心となるだろう。それを広義にＩｏＴ（モノのインターネット化）やインダストリー４・０とさまざまな名前で呼んでいるだけで、すべては現実空間へ拡張していくインターネットのことである。

また、この機に便乗するように、日本でも多くの人々がドローン業界に急速に集結しているように見える。だが、僕が冷静に見る限り、問題は、日本の技術ではなく、ドローン産業に関わる人材にある。ドローンを知らない企業や自治体から暴利を貪り、補助金漬けで金に目がくらむドローン・エンジニアやベンダー（売り手）が後を絶たない。

この様相は、３ＤＣＧがもてはやされた、かつての日本のコンピュータ・グラフィックス業界と似ている。ご存知のように、そのあげく、国産ＣＧコンテンツの未来はほぼ潰えることになってしまった。

この歴史を教訓に、ドローンは同じ轍を踏んではならない。だが、日本のドローン業界で著名な大学教授の話を聞いても、できたばかりのドローン・ベンチャーと仕事をしても、補助金や目先の金に目がくらんでいてまともな仕事をすることができない。これは、この1年ほど、彼らと共に仕事をしてきた僕の実感である。この「良くない懐かしさ」は、かつての日本のＣＧ業界と本当によく似ている。

ドローンは大きくふたつに分けて考える

今度は、ドローンをサービスの点から見ることにしよう。僕は、現在のドローンを取り巻く環境は、パーソナルコンピュータや３ＤＣＧのそれに似ていると、これまでにも何度か書いてきた。ドローン黎明期である今は、コンピュータ産業の黎明期とも似ていると思えてならない。そのように考えているのは僕だけではなく、米国版『ＷＩＲＥＤ（ワイアード）』の編集長だったクリス・アンダーソンをはじめ、多くの「歴史を見てきた者」たちも同じだ。そしてドローンは、現在の情報産業の延長上に位置することも間違いない。

ドローンは大きくふたつに分けて考えるべきだと僕は考えている。

ひとつは「インターネットの延長線上にないドローン」。つまりは、今、多くの人が空撮などに使っているものだ。そして、もうひとつ、これから社会を大きく揺るがすのは「インターネットの延長線上にあるドローン」である。どういうことかだって？　詳しくは、これから本書で説明していくとして、現在のドローンを取り巻く環境は、時代で言えば１９９３年のインターネットの状況と似ていると感じる。まだ、Ｙａｈｏｏ！もグーグルもアマゾンもない時代だ。ウィンドウズ95すらなかった。

だから、「インターネットの延長線上にあるドローン」と言っても、まだ多くの人たちはイメージできないだろう。Ｙａｈｏｏ！もグーグルもアマゾンもないインターネットの世界で、インターネットをどのように使ったらいいのか、ほとんどの人がイメージできないのと同じだ。その当時、最も利用されていたのは電子メールで、これと同じことが今、ドローンでも起きている。前述したように、シンガポールやスイス国営郵便事業会社はすでにドローンによる配達を始めているのだ。

だから、今後はドローン界隈から、新たなＹａｈｏｏ！やグーグルが出てくる、と考えるのが正しい。だがいったい、それはどのような企業で、どのような姿なのだろうか？

僕はそれを「現実世界のサーチエンジン」と呼ぶ。インターネットではクローリング（検索ロボットを使った情報収集）により、あらゆるデータを蓄積して再構築する企業が王者だ。それは、アップルでもマイクロソフトでもない。

多くの人たちは、見た目重視ゆえ、ｉＰｈｏｎｅなど「目に見えるもの」に心を奪われるが、実際のインターネットにおける勝者は、「目に見えないもの」を主に扱う企業だ。それがグーグル。今日、グーグルは世界のサーバーの10％以上を保有し、インターネット上に点在する情報の90％以上にアクセス可能で、それらを再構築することができる。

カリフォルニア大学バークレー校名誉教授（経済学）で、現在はグーグル社チーフ・エコノミストのハル・ヴァリアンは「文明の幕開けから２００３年までの情報をすべて合わせても、５エクサバイト（５００京バイト）の情報しかなかった。ところが今は、同じ量を2日で蓄積している」と語っている。

すなわち、わずか数年で世界は一変し、考えられないことが次々と起こることになる。そして、今までの覇者はグーグルだが、もし今後数年以内に、「現実世界のサーチエンジン」を提供する企業が登場すれば、世界は再び一変することになる。

ドローンによって、インターネットは重力に挑戦する

テクノロジーの進歩によって、今後30年間に起きる革命は「RNG」と呼ばれている。R＝ロボット、N＝ナノテクノロジー、G＝遺伝子工学である。これらを分子とすれば、その分母になるのが、AI＝人工知能だ。

その予測タイムスケジュールは10年刻みで、2015年から2024年がロボット革命、2025年から2034年がナノテクノロジー革命、そして2035年から2044年が遺伝子工学革命で、さらに2045年には人工知能の進化とともに「シンギュラリティ」が起きる、と言われている。このシンギュラリティとは、グーグルのAI開発責任者であるレイ・カーツワイルが提唱する、技術的特異点のことだ。

2045年にこのシンギュラリティを迎えると、テクノロジーは全人類の知能を超

えて、これ以降は、テクノロジーがテクノロジーを開発し始めることになる。これを不気味だと考える人もいるかもしれない。だが、もし今から20年前に、すべての人々のポケットにGPS受信機が入っている未来がやってくる、と話したら、同じように「不気味な未来」だと感じたのではないだろうか?

2045年のシンギュラリティ＝技術的特異点にそう感じるのも、正しい〝現在の〟人類の感情だ。だからその未来は、やがてやってくるのだろう。正しい未来は、現在から見れば単なる「バラ色」ではなく、「不気味なバラ色」なのだ。

その先駆けとなる、これから10年かけて起きるロボット革命の中心的存在が、「インターネットの延長線上にあるドローン」である。その可能性は、今のインターネット業界の認識をはるかに凌駕するものと考えられる。なぜなら、この世には、デジタル化できないもののほうが圧倒的に多いからで、それらが移動し動くために、物理的なネットワークが必要となるのだ。

そして今、インターネットは、重力に挑戦する。これが、ドローンの可能性だ。

その可能性を探るため、世界的なドローン産業の先人たちに会いに行ってみることにした。わからないことがあれば、出向いて話を聞くのがいい。これは、どんなときでも僕の基本的なスタンスである。

アメリカには、前述した米国版『ワイアード』元編集長で、『ロングテール「売れない商品」を宝の山に変える新戦略』や『フリー〈無料〉からお金を生みだす新戦略』『MAKERS 21世紀の産業革命が始まる』などの名著で知られるクリス・アンダーソンが率いる「3Dロボティクス」がある。一方、中国では、世界のドローン市場の約7割を握っている「DJI」が、恐ろしいほどの勢いで成長中だ。この2社に、独自の道を行くフランスの「パロット」を含めた3社が、ドローン業界で激しい争いを展開している。だから、3DロボティクスのCEOクリス・アンダーソン氏、DJIの会長・李泽湘（Zexiang Li）氏、パロットのCEOアンリ・セドゥ氏にお会いして、自らの目で未来の可能性を確かめることにした。

こうして、僕のドローンを巡る旅は始まった。

この産業の背後には、膨大な数の部品メーカーや研究機関が控えている。カメラやセンサーなどの分野で高い技術力を誇る日本企業も、こうした枠組みの中で高等な戦略を練っている（と、信じたい）。

また、ドローン業界を通して世界を見ることで、これからの社会のあり方や、アメリカと中国の覇権争いの行方がぼんやり浮かび上がるのではないだろうか。これは、まだ僕の直感的仮説にすぎない。

ただし、冷戦以降、世界で最も大きな「静かなる大戦」が行われている米中サイバーウォーの次に来るのは、ロボット大戦、それももしかしたらドローン大戦になるかもしれない。これは、決して映画の中の出来事ではないし、現実を直視すれば可能性を否定することは誰にもできない。それは、10年後から15年後の現実の話である。そして、その中で日本がどのようなポジションになっていくのか、この旅を通じて、おぼろげながらもわかることがあるのではないだろうか、と考えている。

本書のタイトルは、『空飛ぶロボットは黒猫の夢を見るか？』にした。映画『ブレードランナー』の原作として知られる、フィリップ・K・ディックの傑作SF『アンドロイドは電気羊の夢を見るか？』への僕なりのオマージュである。この作品が、第3次世界大戦後の世界に突如としてやってきた人型アンドロイドの人間に対する複雑な想いを描いているのに対して、今、眼前に突如として現れた「空飛ぶロボット」ドローンは、もしかすると宅配便ドライバーを複雑な想いで見ているのではないか、と考えたのだ。

ドローンは、あらゆる意味で世界を変える。そして、ドローンを制するものが次の世界を制する可能性が極めて高い。それは、かつてのグーグルがそうであったように。その限りない可能性を前に、われわれはどう考え、どう動くべきなのか。本書がその糸口になれば、これ以上の喜びはない。

2016年1月　ラスベガスにて　高城　剛

目次

第1章

ドローンの現状

ドローンとは何なのか？

無人操縦できる小型航空機ドローン

さて、まずは一般的なドローンの説明をしたい。

ドローンとは「無人航空機」のことだ。ＵＡＶ（Unmanned Aerial Vehicle）とも呼ばれているが、今や小学生から高齢者までもがその名を知るようになったドローンが、事実上の標準的呼称だろう。その大きさは、全長30メートルを超える大型のものから、10センチメートル程度の小さなものまである。

中には、人が乗れるものもあって、こうなるともう無人航空機ではない。回転翼が上部についているヘリコプターに対して、回転翼が3つ以上あるので「マルチコプター」などとも呼ばれている。そしてヘリコプターより飛行性能が安定し、操作も容易な回転翼が4つのマルチコプターには「クアッドコプター」という名称もあるが、どれもドローンには変わりない。最近の大型機の中には、回転翼が4つの機種よりさらに飛行安定性能を高めた回転翼が6つや8つの機種もあり、最新機種だと、もし、そのうちのひとつが飛行中に止まってしまっても、残りの回転翼だけで飛行を続け、落下することがない機種まで登場している。

軍事的な領域では、1980年代から開発が進められてきたドローン。その存在が広く知られるようになったのは2000年代初めのことだ。アメリカ軍が、アフガニスタンやパキスタンに潜んでいたタリバンの幹部らをドローンを使って攻撃し、これが広く報道されて話題となった。

軍事用有人飛行機に比べ、製造・運用コストが安いこと。人を乗せない分、小型化が容易で、偵察などの任務に有利なこと。そして何より、人間のパイロットを危険にさらす必要がないことが評価され、軍事用ドローンの使用頻度は高まる一方だ。今や、アメリカ軍が保有する機体の３割はドローンだとも言われている。

ただし、本書では軍事用ドローンについては触れない。後述する３Ｄロボティクスのクリス・アンダーソンが「軍事には関わらない」とはっきり明言しているように、今、商用ドローンと軍事用ドローンは大きな隔たりを持つようになってきている。コンピュータやインターネットがそうであったように、ある程度までは軍事予算を注ぎ込み育てられたテクノロジーは、そこから独立して各々別の道でひとり歩きを始める。ドローンは、まさにその時を越えた。だから、本書で取り上げたいのは、民間で利用されている、比較的小型の機体だ。今後この本では、民間用かつ商用ドローンを、単にドローンと呼ぶことにする。

前述したようにドローンの形状は、いくつかの種類に分かれる。一般の飛行機のように主翼と尾翼を備えたものもあるし、ひとつの回転翼（ローター）で飛ぶヘリコプター型の機体もある。中でも最近の主流となっているのが、「マルチコプター」と呼ばれるものだ。

これは、複数（マルチ）の回転翼を搭載している機体で、特に人気なのが４つの回転翼を備えた「クアッド（＝4）コプター」である。回転翼が3つの「トライコプター」に比べると飛行時の安定性が高く、回転翼が6つの「ヘキサコプター」、8つの「オクトコプター」より構造がシンプルで扱いやすい。つまり、機能面、コスト面、サイズ面のバランスが良い機体といえる。現在、商用ドローン各社の主力商品の多くは、クアッドコプターで占められている。

ヘリコプターと同様に回転翼を使って飛行するため、滑走路なしで飛び立てるのが利点のひとつ。その場にとどまって浮かび続けたり（＝ホバリング）、狭い場所で急激に方向転換したりすることも可能だ。

ラジコンヘリとの違いは「自律性」にある

ここで疑問を感じる人もいるだろう。今、話題になっているドローンと、昔からある「ラジコンヘリ」は、何が違うのか。回転翼で飛び、無人で飛ばせるという点で、両者は同じではないのか、と。

最大の差は、「自律性」にある。ラジコンヘリは、「プロポ」という無線機器を使ってすべて手動操縦をし続けなければならない。いわばフライトは、オペレーター（操縦者）の腕に100％かかっている。これに対し、ドローンはGPSや、電子コンパス、加速度センサーなどを内蔵し、ある程度ドローンまかせで飛行が可能な上に、場合によっては完全な自動飛行も可能だ。そのため、目的地までの飛行経路をプログラミングしておけば、あとは勝手に目的地まで飛んでくれる。

この利点は、非常に大きい。ラジコンヘリが飛べるのは、操縦者から見える範囲内にとどまる。ヘリが操縦者から遠く離れたり、ビルなど障害物の向こう側に行ったりしたら、操作ができなくなってしまうわけだ。

ところが、ドローンにはそうした制限がない。そして、高解像度のカメラを持ち、動く障害物などを認識できる。すなわち「自律」していることになる。そのため、さまざまな用途に活用することが可能となるのだ。

2015年9月、経済産業省はドローンを使った実証実験の計画を発表した。これは、静岡県熱海市の沿岸から荷物を積んだドローンを飛ばし、約10キロメートル先の同市初島まで飛ばすというもので、荷物の重さは約10キログラムとなる予定だ。

もし実験が成功すれば、食料や医薬品の輸送に役立てられ、離島の生活が便利になると期待されているが、これはわざわざ国家が実験するまでもなく、もはや誰でもこのようなことが可能だ。僕自身も昨年、重さ8キログラム、総飛行距離8キロメートルまで飛ばしたことがある。また米国アマゾンは、2・3キログラム以下の場合、時速88キロメートルで片道24キロメートル、往復48キロメートルの飛行が可能な新型機を発表している。

おわかりのように、経済産業省が発表したスペックは、すでにかなり古くなってしまっている。ドローン業界は日進月歩で、かつてIT業界は、犬の一生が短く人間の7倍程度速いことから「ドッグイヤー」の速度と言われていたが、ドローンは「ダブルドッグイヤー」の速度、すなわち1年が14年に匹敵するほどに速い。

それゆえ、かなり先を見据えてプロジェクトを設計しなければならない。時には、「そんなことができるわけがない」と「今」は思えることもある。だが、ドローンの技術を考えると、それくらいでちょうどいいと経験上思う。

ほかにも、ドローンの活用が期待されている分野は多い。これについては、第4章でまとめることにする。

デジカメや写メの普及が写真撮影の楽しさを広めた

現在、ドローン産業が大いに注目される背景にあるのが、カメラ文化の拡大だ。30年ほど前まで、カメラはプロとハイアマチュアだけの世界だった。記録媒体はフィルムだったため、気軽に撮影することは不可能。また、美しい写真を撮影するためには、高価な機材と専門的な技術・知識が欠かせなかった。だから、一般の人にとっては、ハードルの高い趣味だったのである。

そうした状況に風穴をあけたのは、３つの画期的な商品だ。まずは、富士フイルムが１９８６年に発売した使い捨てカメラ「写ルンです」。この商品が登場したことで、写真を撮る行為は「誰でも可能」なものになった。

そして次が、カシオ計算機が１９９５年に発売したデジタルカメラ「ＱＶ－10」だった。撮影したばかりの画像を、すぐ液晶モニターで確認できる。そして、画像を削除したり、コンピュータに移して保存・加工が可能になったりしたことで、写真撮影の体験はガラリと変わった。

そして、２０００年代初めに普及した「写メール」により、撮影した写真をほかの人に送って一緒に楽しむ文化が定着した。今や、僕らは当たり前のように日常生活を撮影し、それをネットに公開・共有して楽しんでいる。

空からの撮影はドローンの楽しみのひとつ

おもちゃとしてのドローンには、いくつかの魅力がある。もちろん、操縦するだけでも楽しい。しかし、それはラジコンヘリやスポーツカイトなどでも同じである。

現在のドローンの最大の魅力は、カメラ機能にある。ドローンにカメラを組み込むことで、「空から地上を眺める」という体験が数千円レベルの機体でも可能で、今までとはまったく違った視点で撮影できることは大きい。人は誰でも見たことがないものを見たときに驚くものだ。その可能性をドローンは大きく、そして安価に簡単に広げている。

その上、自動追跡という機能を持つドローンが増えてきた。サーフィンやスノーボードなどをする人の動きに合わせて追いかけて撮影するドローンが続々と登場している。この5年間はセルフィーと呼ばれる自撮り文化の勃興がめざましいが、これからの5年間は、自動追跡機能を持つドローンを使ったセルフィー動画が大量に増えることだろう。

ドローンは「空飛ぶスマホ」

さて、いったいドローンとは何でできているのだろうか？

その姿を見て、まず目につくのは回転翼だ。4つ程度の回転翼を持ち、さらに、それを動かすためのモーターも内蔵している。

しかし、それだけでドローンが飛ぶわけではない。むしろ、ドローンにとって重要な部品はほかにある。それは、機体の状態を把握するために使われる加速度センサーや電子コンパスといったセンサー類、位置情報を得るためのGPSモジュール、さまざまな情報を処理するためのCPU、データを記録するフラッシュメモリーなどだ。また、それらに電気を供給するためのバッテリーも欠かせない存在。さらに、カメラ

著者がドローンで撮影した沖縄・慶良間諸島の写真。今までにない視点で撮ると、まったく違う場所に見える

や無線ユニットを搭載したドローンも多い。

さて、こうしたパーツの名前を聞いて、何か連想するモノはないだろうか？

そう、スマートフォンだ。ドローンに内蔵されている部品の多くは、スマートフォンにも搭載されているのである。その構造だけ見れば、ドローンは回転翼がついた「空飛ぶスマホ」と考えることもできるだろう。

ここ数年で、スマートフォンは爆発的な普及を遂げた。当然、スマートフォン用のパーツも大量生産されている。その結果、「量産効果」によって、パーツ類の価格は驚くほどに下がっている。また、技術革新が進んだことで、各パーツは軽く小さくなり、消費電力量も削減されている。

高機能で安価なドローンの登場は、この恩恵によるものだ。ほんの3、4年前、ドローンはまだまだ高価なものだった。ところが、パーツの価格が下がったことで、ドローン本体の値段も安くなった。２０１６年現在では、かなりの高性能なドローンが10万円以下で買えるようになっている。また、パーツが小型化・軽量化されたことで、飛行性能も上がっている。バッテリーが小型になり、パワーも上がったので、航続距離も延びた。

こうした流れの中で、ドローンを飛ばして遊んでいる人の数は、急激に増えている。
また、ビジネスにドローンを活用しようとする動きも活発化しているのだ。

10年前、現在のスマートフォンの普及を予測した人はどれだけいた？

iPhoneの失敗を予想した人は多かった

ドローンの普及について懐疑的に考えている人は多い。僕が、いずれは一家に1機、さらにひとり1機の割合でドローンが普及すると主張すると、「あんなキワモノ、誰が使うの？」「頭上を飛び回ったら危ないじゃないか」と多くの人が否定するだろう。

いぶかしむ気持ちがわからないではない。人間の想像力には限界がある。ドローンが街中を飛び回る姿など、なかなかイメージできないという人もいるはずだ。

　実は、スマートフォンが登場した２００７年にも、同じように考えていた人々がいた。例えば、ｉＰｈｏｎｅが発売された当時、マイクロソフトのＣＥＯを務めていたスティーブ・バルマー氏が、そのひとり。彼はインタビューで、「物理キーボードを備えていないｉＰｈｏｎｅは欠陥品」「ｉＰｈｏｎｅがある程度の市場シェアを獲得する可能性はゼロだ」と語っていた。

　当時のマイクロソフトは、「Ｗｉｎｄｏｗｓ Ｍｏｂｉｌｅ」と呼ばれる携帯端末用ＯＳとハードウェアを開発中だった。そのためバルマーは、同製品と競合になる可能性のあるｉＰｈｏｎｅをほめるわけにはいかなかったのかもしれない。だが、そうした事情を差し引いても、バルマーの予測が大外れだったことは間違いないだろう。しばらくすると、バルマーはマイクロソフトを去ることになる。

　ｉＰｈｏｎｅの失敗を予測したのは、バルマーだけではない。多くのアナリスト、企業経営者も同様だった。世間から優秀だと見なされている人々の中にも、ｉＰｈｏｎｅ、そしてスマートフォンがこれほど普及すると想像できなかった人は決して少なくなかった。

自動車の登場に「恐れ」を感じた19世紀の話

人々が同じような過ち、それは今までにない革新的なもので、社会変化を呼び起こすような可能性を持ったものを軽率に扱ったのは、何もｉＰｈｏｎｅが初めてではない。革新的な商品・サービスが登場したとき、その本質的な価値がすぐには理解されないことは、歴史に何度も現れた。例えば、自動車が登場したばかりの頃にも、似たような事例があった。

19世紀前半のイギリスでは、蒸気機関の改良が進んでいた。１８３０年前後には、ロンドンなどで蒸気機関を積んだ乗合自動車の運用が本格化していたという。ところが、１８６５年、ある法律が施行された。悪名高き「赤旗法」だ。

この法律により、自動車の速度は郊外で時速4マイル（約６・４キロメートル）以下、市街地では2マイル（約３・２キロメートル）以下に定められた。今となっては考えられない制限速度だが、当時の自動車は「危険物」と見られていたのだ。その上、自動車の60ヤード前方に赤旗を持った先導員を歩かせ、自動車が迫っていることを周囲に知らせなければならないという規定もあった。

今となると笑い話にしか聞こえないが、つまりイギリスでは、自動車は人より遅く進まなければならないことに決まったのだ。この結果、イギリスの自動車産業は、フランスやドイツに比べて大きく後れを取ることになる。そして、モータリゼーションの世界的な中心地にはなれなくなった。

赤旗法の導入を推し進めたのは、自動車の登場に脅威を感じていた乗合馬車業者だったという。彼らは、自動車という新たなライバルをつぶすため、この悪法を作って抵抗を試みたのだ。ただし、赤旗法に賛成したのは乗合馬車業界だけではない。自動車の拡大を好ましく思わない雰囲気がイギリス中にあふれていたからこそ、赤旗法が実現した保守的な社会背景もあった。

その背景にあったのは、「恐れ」だろう。

馬車を見慣れていた当時の人々は、大きな鉄の塊が、蒸気機関の轟音を響かせながら動く様子を見てギョッとしたに違いない。それは、今、われわれがドローンに対して抱いている違和感より、はるかに大きなものだったと思われる。

また、彼らの中には、機械が人間の仕事を奪うのではないかという恐怖もあったのではないだろうか。自動車という新たなテクノロジーが出現したことに対し、「機械によって人間の仕事や既得権益が侵されるかもしれない」と感じた人も少なくなかったはずだ。もちろん、乗合自動車によって職を奪われるのは、乗合馬車業者だけだ。しかし、他業界で働いていた人たちも、「ここで機械にのさばらせては、明日はわが身となってしまう」と考えたのかもしれない。それゆえに、赤旗法というバカげた法律が成立してしまったのだ。

自動車やスマートフォン同様、ドローンの普及も決して止められない

人間は、新たなテクノロジーの登場を目の前に見ると、本能的に恐怖を感じてしまうことがある。

そして、時には赤旗法のような仕組みを生み出し、時代が変化するのを止めようとするのだ。

しかし、こうした試みは時間稼ぎ程度にしかならない。今や、自動車が世界中で普及し、世界中でスマートフォンが使われているのは、ご存知の通り。

スマートフォンと違い危険が伴うといっても、現状を見る限りドローンの普及も、決して止めることはできないだろう。世界中の研究機関や企業は、ドローン市場が急ピッチで拡大するだろうと予想している。

例えば、アメリカのＮＰＯである国際無人機協会（ＡＵＶＳＩ）は、２０１３年に発表したレポートで、２０２５年におけるアメリカ国内のドローン市場規模を８２０億ドル（約９・８兆円）、10万人規模の雇用を生むと予測している。一方、アメリカの市場調査会社であるＴＥＡＬグループは、２０２４年における全世界のドローン市場規模を１２０億ドル（約１・４兆円）と予想した。

団体によって、将来の市場予測が大きく異なっているのは、ある程度仕方のないことだ。何しろ、ドローンがいつ頃、どの程度普及するかは、未知数の部分が大きい。法整備の進み具合などの状況によって、市場が拡大するスピードは大きく左右されるだろう。だが、「今後10年で数兆～10兆円規模に成長する」という想定はおそらく正しい。

これは、どのくらいの規模感なのだろうか？　話をわかりやすくするため、他の業界と比べてみよう。

例えば、国際レコード・ビデオ製作者連盟（ＩＦＰＩ）によれば、２０１４年における音楽業界のグローバル市場規模は１４９・７億ドル（約１・８兆円）。また、米国映画協会（ＭＰＡＡ）によれば、２０１４年における映画業界のグローバル市場規模は３６４億ドル（約４・４兆円）だった。

つまり、ドローン市場はほんの10年弱で、音楽・映画業界と肩を並べるほどの存在になると見られているわけだ。

このような市場予測を見なくとも、現在の勢いを見る限り、ドローンの関連市場が拡大するのは間違いのない事実だろう。そして重要なのが、ドローンの普及は、物流や小売りといった周辺業界にも、想像以上に大きなインパクトを与えるということだ。

すでに述べたように、ｉＰｈｏｎｅの登場によって僕たちの暮らしぶりは変わった。

今や情報収集も買い物も、スマートフォンを通じて行われている。そして、パーソナル・コンピュータやテレビの終焉も見えてきた。それと同時に、ビジネスの形も変わったのである。世界的に見れば、新聞社にとってウェブでの情報発信は事業の柱となりつつある。中でもモバイルに注視しなければならない。また、家電量販店や百貨店、スーパーなどの小売店も、インターネットでの販売、特にスマートフォンからの顧客の囲い込みをさらに強化しているところだ。こうした動きについて行けない企業が淘汰されるのは、自然の流れなのだろう。

ドローンが普及したときにも同じことが起きると思われる。多くの企業がドローンを前提にしたビジネスに舵を切り、新たな産業・サービスが生まれる。そして対応できない企業は退場を余儀なくされるのだ。

ドローンを拒否し、思考停止に陥っていては危うい。早い段階でドローンの可能性を理解し、受け入れることが、個人・企業にとっても、そして国家にとっても大事になるだろう。

ドローン・コミュニティ

性能の良いパソコンを組み立てるには、情報が不可欠だ。そこで多くのパソコンユーザーは、「ユーザーグループ」と呼ばれる集まりに顔を出し、盛んに情報交換を行っていた。僕も80年代後半には、MacやPC、UNIXなどのユーザーグループによく顔を出していた覚えがある。もう少し前の、僕が中高生のときには、秋葉原のよく言えばクラシックなカフェ（実際は古ぼけた喫茶店）に、マイコンマニアの大学生が集う店があって、そこで多くのことを習っていた。

また、大学時代には、サンフランシスコで開かれていた「マックワールド・エキスポ」や、ボストンのミーティングなどにも参加。そこで出会った人々と、フロッピーディスクに収録したデモプログラム（当時、フロッピーディスクの容量が1メガバイトだったので「メガデモ」と呼ばれた）を交換したりしていた。

ユーザーグループで交流したメンバーの中には、その後、大物になった人も多い。今をときめく映像制作企業のピクサー・アニメーション・スタジオや、『スター・ウォーズ』などの特撮を手がけたインダストリアル・ライト&マジックの主要メンバーになった人もいるし、誰もが知る画像処理アプリケーションを開発した人もいる。有名なハッカーで、CIAに捕まり服役した後、そのCIAに就職するような面白いやつもいて、デザイン業界やクリエイティブ業界で名をなした人も多かった。

だが、今ではそれなりの社会的立場を得た人々も、当時は若く、どこかヒッピーのような雰囲気をまとっていた、というよりヒッピーそのものだった。家を持たず、コミューンを渡り歩いていた者も少なくない。そして、パーソナルなコンピュータという新しいおもちゃを楽しむため、誰もがまるで人生を賭けるように情報を集め、自己表現同然に発信をしていたのだ。

現在のドローン・コミュニティにも、実に面白い人々が集まっている。多くの人は好奇心が旺盛で、行動力が抜群。そして、ドローンという「未来」を楽しむため、互いに協力しようとしている。各界の才能が集まり、混沌とした雰囲気の中から新たな芽が生まれていく様子は、まさに1980年代のパソコン業界とそっくりだ。

その上、ドローン業界に集まっているのは才能だけではない。巨額の資金も、恐ろしいスピードで流れ込んできている。

「インターネットの延長線上にあるドローン」とは？

ドローンは大きくふたつに分けられる

「はじめに」にも書いたように、ドローンは大きくふたつに分けて考えるべきだ、と僕は考えている。

繰り返しになるが、「インターネットの延長線上にあるドローン」と「インターネットの延長線上にないドローン」だ。

パーソナル・コンピュータを考えてみてほしい。今や多くのコンピュータがインターネットに接続されているのが当たり前だが、別にインターネットに接続しなくとも、パーソナル・コンピュータは、使用可能だ。多くの人が使う表計算から写真加工アプリまで、どうしてもインターネットに接続しなければ使えないものではない。

あえて言うなら、バージョンをアップしたり、データをクラウドに保存するために必要な程度で、絶対ではない。だが、メールやブラウザを使用するには、インターネットに接続されている必要がある。

このふたつのコンピュータ、すなわちインターネットに接続され、その延長線上にあるコンピュータと、接続されていないコンピュータは、外から見れば同じものだ。だから、ドローンも外見で判断してはならない。インターネットに接続され、その延長線上にあるドローンと、接続されていないドローンは、外から見れば同じものに見えるが、「実はまったく別のもの」なのである。

確かにインターネットの接続があるなしのふたつのコンピュータとふたつのドローンは、ハードウェア的な観点からすれば変わらない。しかも、ソフトウェア的観点からしても、大きな差はない。

現在、ドローンを取り巻く議論は、この点の理解と想像が乏しいために、前に進まない。だが、このふたつのマシーンの使い方はまったく異なるのだ。

今、多くの人々が空撮に使っているドローンは、インターネットの延長線上にないスタンドアローン・ドローンなのに対し、これから社会を大きく揺るがすであろうドローンは、インターネットの延長線上にあるまったく別のドローンなのである。

人が介在しないほうが安全性が高く、安価になる

この「インターネットの延長線上にあるドローン」は、基本的に自律飛行する。誰かがコントローラーを操作して、飛行させる必要はない。

例えば、決まった時間に決まった場所だけを移動する電車を考えてみよう。上海浦東《プードン》国際空港から街中まで高速移動するリニアモーターカーは、無人運転が大前提である。「念のため」人が乗ることがあるが、その者は運転技術者とは縁遠い、女性コンパニオンであることも多い。決まった経路を決まった時間で移動する現在の交通手段には、人が介在する余地はほとんどない。むしろ、最大の事故はヒューマンエラー

によって起きることを考えれば、運転手がいないほうが安全である。

これは、ドローンも同じだ。どんなにベテランのドローン・ドライバーでも、風邪を引いたり、体調が悪いときは必ずある。「万が一」ということが起きるのはそんなときだ。また、コスト面から考えても、無人のほうが圧倒的に安価になり、それがサービスを享受する人たちの最終的な価格に反映されることになる。

現在でさえ、もしドローンで配送されてきた定期郵便物を、「人の手によるものではない」からと拒む人がどれくらいいるだろうか？

例えば、現状のスペイン国内郵便物は「届くほうが奇跡」と言われるほど紛失が多い。だがこの状況が、郵便物が積み込まれた自律飛行のドローンにより、「今、どこにどのような状態で自分宛ての郵便物があるのか」がわかるようになる。まさに、本当の奇跡がやってくるのだ。

インターネットの利得のひとつは、すべてのものを可視化することにある。あなたが買ったスニーカーや、友人に貸していたサッカーボールにタグが貼られ、ドローンが配送する状況をリアルタイムで可視化できる世界がやってくる。

例を挙げると、「12時39分現在、千葉市第2配送センターから北西2キロメートルの地点を時速40キロメートルで走行中」と、あらゆるサービスにリンクされ表示されるようになる。今日、音楽やファイルをダウンロードすると、「ダウンロード終了まで、あと2分40秒」と表示されるように、「お買い上げの商品はドローンエクスプレスにより、到着まであと2分40秒」と表示されるようになるのだ。

広東チャイニーズ・シリコンバレーで、著者がロボティクス・ベンチャーと共同開発中の「インターネットの延長線上にあるドローン」。フォーメーションで飛ぶことが可能で、飛行誤差は3センチメートル以内。DJIも協力

地上61~122メートルのブルーオーシャン

ドローンが「ラストワンマイル問題」を解決する

「はじめに」にも書いたが、物流の中でいちばんコストがかかるプロセスはどこか、覚えているだろうか？　答えは、「ラストワンマイル」だ。

アマゾンのように大量の商品を販売しているECサイトは、全国各地に大規模な配送センターや倉庫を設置している。実は、配送センターや倉庫間の物流は、ある程度の効率化が可能。大量の商品を、大型トラックなどで一括して運べばいいからだ。一方、商品を配送センターから消費者の手元に届ける「ラストワンマイル」は、コストがかさむ。商品をそれぞれの家庭に、手作業で届けなければならないからだ。消費者が不在のケースも少なくなく、物流各社はコスト削減に頭を悩ませている。

一説によると、アメリカのアマゾンでは、1配送あたりの「ラストワンマイル」に、7～8ドルの費用がかかるといわれている。不在率が2割を超し、配送人件費の最低時給を考えると、この数字はそれほど間違っていないと思われる。それゆえ物流各社が、不在時でも商品を受け取れる「宅配ボックス」の設置を奨励したり、リアル店舗やコンビニで商品を受け取った消費者に割引サービスを提供したりするのは、こうした状況に対する工夫のひとつなのだ。

現在、ドローンが大きな注目を浴びている理由のひとつも、ここにある。これまで、物流各社の配送スタッフが行っていた「ラストワンマイル」をドローンに肩代わりさせることで、大きなコストダウンが期待できるというのだ。

人の力で行ってきた「ラストワンマイル」をドローンに切り替えると、輸送コストが大幅に削減されるのは間違いない。これはドローンに限らないが、この20年のＩＴ

化でわかったように、削減するのは人件費、さらには人そのものだ、と多くの企業は考えている。

野村総合研究所は、英オックスフォード大学のマイケル・A・オズボーン准教授およびカール・ベネディクト・フレイ教授との共同研究により、国内601種類の職業について、それぞれ人工知能やロボットなどで代替される確率を試算した結果、10～20年後に、日本の労働人口の約49%が就いている職業において、それらに代替させることが可能との推計結果が得られたと発表した。

今から20年前を振り返ってもわかるように、コンピュータを理解し、使いこなした人たちと、そうではない人たちでは、さまざまな点で格差が生まれているのは間違いない。今後、ドローンを中心としたロボティクスを理解した人たちと、そうではない人たちには、同様に格差が生まれることになる。

何より大切なのは、「イメージを持てるかどうか」だ。20年前に、世界中の家庭が高速ネットワークにつながり、映像や音楽を家にいながらリアルタイムでレンタルしたり購入することが可能になる未来を描けた人たちは、今も活躍している。これから20年後のドローンを中心としたロボティクスの未来を、現在イメージできる人は職を失うことはないということを、野村総合研究所の発表は逆説的に示している。

すでにスタートした、ドローンを使った配達テスト

さて、ドローンを物流に生かそうとする試みは、すでにさまざまな場所で始まっている。前述したように、２０１５年7月、スイスの国営郵便事業会社であるスイスポストは、ドローンを使った配達のテストを始めた。

急傾斜を持つ山が多いスイスは、都市から離れた場所に村落が点在しているケースが珍しくない。こうした地域では、災害時に交通インフラが使えなくなり、医薬品や衣料品など緊急性の高い物資が運べなくなる危険性がある。そのため、インフラがなくても飛行できるドローンは、代替手段として有効というわけだ。

このドローンは、最大1キログラムの荷物を、10キロメートル離れた場所に運ぶことができる。クラウド化されたソフトによって、決まった行先にドローンが自律的に飛行することが可能。すなわち、インターネットの延長線上にあるドローンビジネスを考えている。この運用成績を見た上で、5年後には運用開始にこぎつけたいという

のが、スイスポストの考えだ。試験運用の主な目的は「現地の状況を考慮し、法的な枠組みを明確化させるため」だと発表されている。

一方、ＥＣサイトの雄・アマゾンも、ドローンによる配達の実現に向けて動き始めている。

同社は２０１３年12月、ドローンを使って商品を消費者に届ける「プライム・エアー」の構想を発表。これは当初、単なる企業ブランディングのための未来映像だと思われていたが、２０１５年夏には、ＦＡＡ（米国連邦航空局）の副長官マイケル・ウイテカー氏が、議会の公聴会で「公共の空域を利用するＵＡＶ（ドローン）の法整備が1年以内に完了する」と発表。

実は、この公聴会で証言したのが、アマゾンのグローバル・パブリックポリシー副社長ポール・ミセナー氏だ。アマゾンはすでに「第9世代」のドローンの開発も行っており、夢物語ではなく、もうすぐ始まる現実的なビジネスとして、ドローン配達を考えている。ミセナー氏は「規制整備が完了し、承認されれば、すぐにでも顧客に向けて宅配を始める」としている。

これまで報じられているＦＡＡの商業用ドローン法案では、ドローンの飛行を昼間のみとし、低い高度、視認できる範囲内と制限している。現在、ＦＡＡによる包括的なドローン規制がまだないため、州政府や自治体が独自規制に向けて動いているのが、混乱を招く要因となっているのも確かだ。アマゾンは、住民からのドローン批判に影響を受けやすい州政府や自治体について、ロビー活動も行っているほどだ。

さらに２０１５年８月にアマゾンは、地上２００フィート（約61メートル）から４００フィート（約１２２メートル）までの空域を、ドローンを含めた「高速交通帯（ハイスピード・トランジット）」用のゾーンに設定することを提案した。それが、63ページの図だ。

２０１５年11月末には、「プライム・エアー」のための新しい機体と、機能がわかる映像を公開した。最新のアマゾンドローンは大型化し、最高時速約88キロメートルで飛行が可能。配送ステーションから24キロメートルの範囲なら30分以内のドローン配達が可能となる、と発表している。

最新型のこのドローンは、障害となる物体や着陸地点を自動的に探す能力を備えていて、庭に着陸地点の目標となるカタパルトシートを敷くだけで、ドローンがそこに着陸する。アマゾンは米国のほか英国、イスラエルで試験フライトおよびドローンを開発しており、その上、利用する環境や目的に合わせて何種類ものドローンを開発中であることを公表している。

配送車が大型トラックから軽自動車、バイクや自転車まであることを考えると、ドローンも複数種の開発が前提になる。その上、寒冷地と温暖な地域ではフライト性能が異なるので、設計を変える必要がある。これらは自動車でも同じだが、バッテリーで飛行するドローンが、より厳格化されるのは言うまでもない。

そして2015年12月10日。ついに、日本で新しいドローン法（改正航空法）が施行されるとほぼ同時に、日本政府は千葉市をドローン特区とすると発表し、アマゾンがその事業にいち早く手を挙げた。これはその前月に来日した米国アマゾン本社の副社長直々のロビー活動の成果だと見られ、ドローン法施行のタイミングに政府が発表を合わせたものと思われる。もし、これが実現すれば、「今のところ」世界で初めてのアマゾンによるドローン便が日本の空を飛ぶことになると宣伝されているが、実際は難しいだろう。なぜなら、アマゾンが公表しているドローンテストサイト国に日本

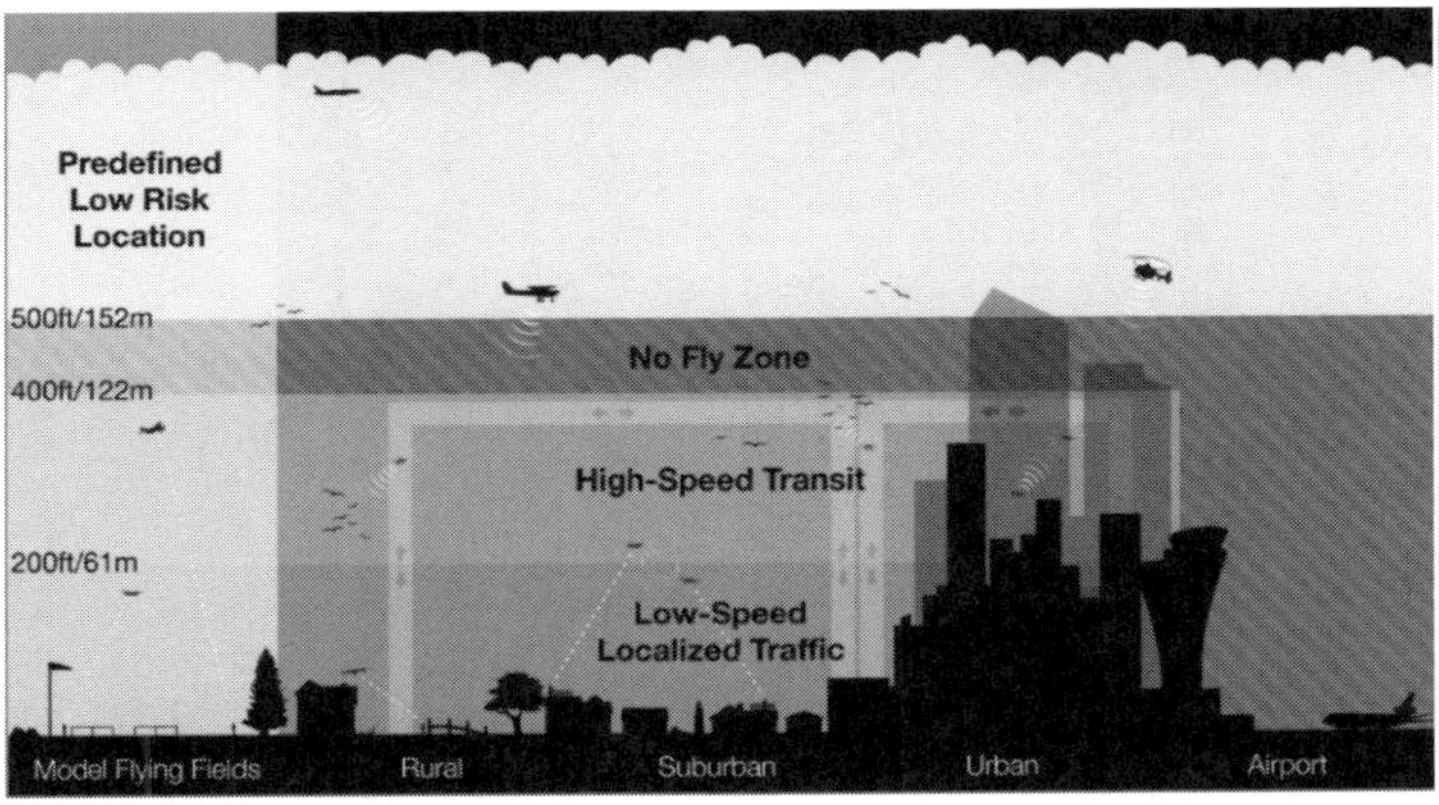

Amazon proposed a segregated airspace below 500 feet for the operation of drones on Tuesday. (Photo: Amazon.com)

【地上 61 ～ 122 メートルのブルーオーシャン】アマゾンが提案した「高速交通帯（ハイスピード・トランジット）」用ゾーン概念図。（Photo：Amazon.com）

は入っていないからだ（英国、カナダ、オランダで予定）。このようなスピードを見ても、ドローン業界が「ダブルドッグイヤー」と呼ばれるのを理解できるだろう。

地上61〜122メートルは最後のフロンティア

長きにわたって、人類は地上を開発し続けてきた。その結果、地上からほど近い低空は、ビルや電柱といった障害物でいっぱいだ。ドローンを飛ばす環境としては、最悪に近い。

だが、ある程度以上の高度を確保すれば、ビルより上を飛行することができる。特に、景観を守ろうとして建物の高さに制限を加えている都市なら、ドローンを飛ばすことは容易になる。

例えば、パリでは郊外の特別な地域を除けば、建物の高さには50メートル、37メートル、31メートルなどの制限がある。また、銀座には「銀座ルール」と呼ばれる規則が設けられており、56メートルを超える高さのビルを建てることは「一応」禁じられている。

一方、高度152メートル以上の空間には、飛行機やヘリコプターが飛んでいる。このエリアにドローンを飛ばすと、衝突事故などを巻き起こす危険がある。

逆に言えば、地上から61〜152メートルの空域は、いまだに手つかずのままだ。そこで、122〜152メートルの空域を航空機との緩衝地帯とし、地上61〜122メートルのエリアをドローンに開放してはどうか、というのがアマゾンの提案だ。この空域が、地上に残された最後のフロンティア、ブルーオーシャンと言えるかもしれない。

携帯電話は電波の空き周波数帯を利用することで、大きな成功を収めた。ドローンも地上61〜122メートル（日本においては、千葉市の特区では150メートル以上の飛行禁止エリアも緩和。ただし、民間所有の土地の上空300メートル以内については土地所有者の承諾が必要）という新しい空域を利用して、世の中に革命を起こせるのだ。

また、世の中には、デジタル化できるものと、そうでないものがある。音楽や書籍は、デジタル化が可能だ。現に僕たちは、iTunesやYouTubeを通じて音楽を聴き、タブレット端末上で電子書籍を読んでいる。デジタル化できるものは、すべてインターネット経由で手に入れることができる。

今では当たり前になったインターネットを通じた音楽配信も、10年前には著作権の問題から大手レコード会社は徹底的に拒んだ。それを説得して回ったのが、当時のアップルのCEOスティーブ・ジョブズである。

現在、ピザやお菓子、化粧品や医薬品といった「モノ」はまだデジタル化に成功していない。だからこれまでは、デジタル化されたデータに比べると、手に入れるまでの手間、時間、コストがかかっていた。ところが、ドローンの普及によって、「モノ」の輸送コストはグッと安くなり、モノをやりとりする際のハードルも下がることになるのだ。

その結果、毎朝近くの農家からとれたての野菜を配達してもらったり、近所の店舗からおつまみを運んでもらったりすることが実現するかもしれない、などというわかりやすい未来は多くの識者が語るだろうが、インターネットで起こったことが実際の社会で起きることを考えると、ドローンの新しい流通によって起きる最大の変化は、「アップロード」だ。

今から四半世紀前に僕が見たフロリダの革命的な実験は、各家庭で映画や音楽を「ダウンロード」できるというものだった。これは、それまでのレンタルビデオの置き換えにすぎない。しかし、YouTubeやインスタグラムの登場を予感していた人は、当時は皆無だったに違いない。

四半世紀前に誰も思い描くことができず、今日インターネットがそれまでと大きく異なっているのは「アップロード」ということだ。だから、ドローン流通によって起きる個人の「アップロード」、すなわち、個人が家庭で作ったり仕入れたりしている非デジタルなモノを、誰もが素早く安価に配達できることが、ドローンの未来を切り開くことになるのである。そのうち「サンタクロースの正体はドローン!?」などという記事も出てくるだろう。キャラ・ドローンは、間違いなく登場する。

リスクと利権のことを考えてみよう

今日のインターネットが映像や音楽をネットワークを通じて各家庭に届けるように、ドローンが「デジタル化できないもの」を各家庭に届けるようになることは、想像しやすい。だが、「アマゾン・プレミア」の映像にあるように、街中を縦横無尽にドローンが飛び交う未来はもう少し先で、現実的には上空61メートルから１２２メートルほどの空間を使った定期航路が主になると思われる。

これは、ふたつの側面から推察することができる。

ひとつは、現在の街のシステムを維持したまま、ドローンが飛び交うのには多くのリスクが伴う。ドローンそのものが、まだ未熟なマシーンであることもあるが、現行の社会インフラにドローンが簡単には溶け込めないことが大きい。

例えば、二足歩行のロボットを考えてほしい。あのロボットは、人間の形を模しているのではなく、現行の人間社会に溶け込むために、結果的に二足歩行の姿になっている。階段を上ったり下りたりする作業は、本来ロボットなら必要ない。

ドローンのように飛べばいいのだが、人間社会に溶け込むためには、人間のインフラに合わせる必要が生じ、それが結果的に人間に近い二足歩行のロボットデザインとなっているのだ。この点から、人間の生活空間である地上から数十メートルまでの上空を、ドローンはそう簡単に侵食できないものと思われる。

ふたつめは、利権だ。第二次世界大戦後の焼け野原から急速な復興を遂げ、高度経済成長を迎えた日本の主要都市では、街中に何もない状態からわずか数十年のうちに高層ビルが林立し、驚くべき数の自動車があらゆる場所を走ることになった。

これは、地上0メートル地点から70～80メートル地点までは、国土交通省がメイン、経済産業省や警察庁がサブメインのドメインであることを意味する。一方、地上150メートルから飛行機が飛び交う1000メートルまでも、航空法に基づく国土交通省のものだ。そして、地上から何万メートルも離れた人工衛星まで含む、目に見えない電波を監督する官庁は総務省である。

このような複雑な監督官庁の利権の間にドローンがあるのは、日本だけではない。世界各国とも似たような状況下にあり、現在、法整備とともに、急速に各省庁間です み分けが行われている。

そして日本でも、複雑な利権の間で地上70～80メートルから150メートルあたりの空間が空いていることに気がつく。ここがいわゆる「新領域」で、ドローンがまず最初に飛び交うゾーンになるものと思われる。

前述したように、現在、アマゾンをはじめドローンの活用を狙う多くのアメリカ企業は、ＦＡＡ（アメリカ連邦航空局）に対して、地上２００フィート（61メートル）から地上４００フィート（１２２メートル）の間を新しい「高速交通帯」と定義し、２００フィート以下を新しい「低速地域交通網」とする、との考えを提出している。

さらに、４００フィート（１２２メートル）と５００フィート（１５２メートル）の間は、空の緩衝地帯として温存。その上の５００フィート以上を、今まで同様、航空法で管轄するすみ分けを始めている。

その結果、地上を走る自動車などに関わる「道路交通法」と、飛行機などに関わる「航空法」の間に、今まで手つかずだった「新領域」のための、新たな法律と利権が生まれてくることを、何よりも理解しておく必要がある。

おそらく、それは2段階に分けて進んでいく。まず手つかずの61メートルから１２２メートルの間で多くの実験と事業が展開されるだろう。その後、61メートル以下のゾーンを、既存利権と奪い合うことが予測される。

だから、「アマゾン・プレミア」の映像の世界がやってくる前に、現在利権がない新領域である手つかずの61メートルから１２２メートルをつかんだ会社が、今後のドローン産業で大きく一歩リードすることになるのだ。

農村部や建設業界での期待値

一方、都市ではなく、農村部ではどうだろうか？

カナダやフランスなどの農業国では、ドローンの大半は農薬散布に利用されている。これは、現在の法整備は都市部でドローンを飛ばすことに追いついていないので、結果的に空の利権が少ない農村部で先に普及しているにすぎない。

基本的に、その土地を所有していれば、地上から３００メートルまでは、権利を主張することができる。だから、広大な農地を所有していれば、航空法とぶつからない１５０メートル以内の自分の土地の上空では、ドローンを自由に飛ばすことが可能となる。それゆえ何も障害がない農地で、ドローンの利活用が先行している現実がある。

この農薬散布のドローン活用には、未来があるのだろうか？

正直、日本国内においては、僕はあまり期待していない。まず、カナダなどと比べると、日本の一業者あたりの農業規模は小さいことが挙げられる。また、農業用の優れたトラクターなどの普及、およびそれらをリースする金融システムが出来上がっているため、これからの導入に技術を要するドローンが、高齢化した農村部に入り込むのは難しい。

例えば、高原野菜を考えてみよう。レタスの出荷は鮮度を保つために早朝に行われ、そのため真夜中から農作業が始まるところも少なくない。そのような真っ暗な中でドローンを飛ばすわけにはいかず、また小規模であれば、操作も簡単な今もある農業用トラクターで十分だ。

だが、水田となるとトラクターがなかなか自由に作業できない。だから、日本の農業用ドローンは、中規模以上の水田に焦点を合わせることが大切だと思われる。このシステムを構築できれば、今後、水田が多いアジア全般に普及することも考えられるだろう。

また、建設業界はどうだろうか？　日本は世界屈指の建設業を内需として持っており、予算もそれなりに潤沢である。建設予定のマンション最上階の高さからの鳥瞰映像や、高解像度カメラで撮影する橋梁検査など多くのニーズがあり、大手ゼネコンではすでにドローン専門部署を持っているところもある。

この分野で期待できるのは、画像解析だ。今まで不可能だった高精細な空撮データから3Dマップを作ることが可能になる。例えば、大きすぎて3Dスキャニングできなかった山や街そのものをスキャンすることが可能で、その誤差はわずか数センチメートル。開発や災害復興にも大きく役立つだろう。これは、ドローン単体というよりも、「Pix4D」をはじめとする、ドローンと組み合わせて使用する優秀なアプリケーションの進化が大きく貢献している。X線カメラの利用も期待が持てる。

第2章

ドローンと世界3大メーカー

クリス・アンダーソンという人物

IT業界で最も強い発言力を持つジャーナリスト

「はじめに」でも触れたように、クリス・アンダーソンという名前を知っている人は多いだろう。

彼は、ジョージ・ワシントン大学で物理学の学位を取得後、ロス・アラモス国立研究所を経て、学術雑誌『ネイチャー』や『サイエンス』で記者として勤務。そして、

2001年に雑誌『ワイアード』に入り、12年にわたって編集長を務めた。

彼の名が一躍有名になったのは2006年。インターネット販売の普及により、売れ筋ではない商品からも大きな売り上げが得られるようになることを示した著書『ロングテール 「売れない商品」を宝の山に変える新戦略』が大ヒットした。そして、2009年に出版された『フリー 〈無料〉からお金を生みだす新戦略』で、その名声は決定的となった。「デジタルなものは、いつか無料になる」「無料からお金を生み出す方法がある」といった斬新な主張は、世界中の人々の心をつかんだ。2007年には『TIME（タイム）』が選ぶ「世界で最も影響力のある100人」のひとりに選出され、IT業界で最も発言力のあるジャーナリストだったと言えるだろう。

最強ジャーナリストがドローン会社の経営者に

僕が「クリス・アンダーソンが、IT業界で最も発言力のあるジャーナリストだった」と過去形にしたのには理由がある。アンダーソンは2012年、突然『ワイアード』編集長を辞めてしまった。そして、ドローンメーカーの経営者に就任する、と発表したのだ。

アンダーソンの中にはもともと、ものづくりの素地があった。彼の祖父は、スイスからアメリカに移住した機械工で、かつ、アマチュア発明家だった。

子ども時代のアンダーソンは、祖父と一緒にガソリンエンジンを組み立てたりした経験があったという。その後、パンクバンドで音楽活動をしていた時期は、自分でレコードやチラシを制作。そして、僕と同様に黎明期のパーソナル・コンピュータ文化に触れ（彼は僕より3歳だけ年上だ）、コンピュータの自作やDTP（デスクトップ・パブリッシング）を手がけていた。モノを作り出す行為は、彼にとってなじみ深いものだったのだろう。

IT業界に働く者にとって、「クリス・アンダーソンがドローン会社に転じた」というニュースは、実に衝撃的だった。ジャーナリストが起業家に転身するという話は、少なくとも日本ではほとんど耳にすることがない。グローバル規模で見ても、かなりまれな事例だろう。しかも、アンダーソンは世界有数のジャーナリストだった。「いったいなぜ？」と考えた人は、決して少なくなかっただろう。特に、IT業界関係者に与えたインパクトは大きかった。

何しろ、クリス・アンダーソンが編集長を務めていた最先端テクノロジーを主に扱う『ワイアード』誌までが、「ラジコンの会社を起業」と公表していた。ラジコン!? 今からわずか数年前のことだが、少し前まで、いや、今も多くの人にとっては、ドローンはおもちゃ同然で、「ラジコンに毛が生えた程度のもの」と誰もが思っていることの表れだった。それは『ワイアード』誌でも同じだったのだ。

このような「わかっている人にしかわからない」感じは、1990年代初頭、パーソナル・コンピュータが「一部の人が扱う特殊なモノ」、「マニアのおもちゃ」と思われていた状況ととてもよく似ている。だが、そのパーソナル・コンピュータの黎明期も、あっという間に誰もがその可能性と未来を理解することになる。「マニアのおもちゃ」が人類の未来へと変わっていったように、「ラジコンの会社を起業」は、すでに今日、意味合いが大きく違うことを理解する人々が増えている。そのクリス・アンダーソンが共同経営者を務めているのが、3Dロボティクスである。

アメリカ3Dロボティクスの挑戦

アメリカドローン産業の中心地、バークレー

３Dロボティクスが設立されたのは、２００９年。創業者はクリス・アンダーソンと、メキシコのティフアナ出身のドローンクリエイターであるジョルディ・ムノスだ。アンダーソンは２００７年頃から、趣味でドローンを飛ばすようになっていた。そして、ドローンに関する情報交換を行うコミュニティ「ＤＩＹドローンズ」を設立し

ていた。そこに、自作ドローンの動画を投稿したのがムノスだったという。ムノスは当時19歳。大学も出ておらず、アメリカ出身でもなかったが、彼がいちばん優秀であったのは、作品を見れば一目瞭然だったという。

これをアンダーソンは「人材のロングテール」だと、自著『ＭＡＫＥＲＳ』でも書いている。ウェブのお陰で、個人の能力を証明することは簡単になったのだ。

３Ｄロボティクスの開発部門があるのは、カリフォルニア州のバークレー。サンフランシスコ湾に近い街で、通称「Ｃａｌ」と呼ばれるカリフォルニア大学バークレー校があることで有名だ。

カリフォルニア大学バークレー校は、これまでに70人以上のノーベル賞受賞者を輩出した名門である。また、１９６０年代には学生運動の原点とも言われる「フリースピーチ・ムーブメント」が発生したことでも知られている。そうした土地柄もあり、バークレーは非常にリベラルな雰囲気にあふれた街で、全米で最もリベラルな街、カウンター・カルチャーの聖地のひとつとして知られている。

余談だが、イノベーションは政治・経済の中心部ではなく、「辺境」で生まれる、と僕は考えている。

アメリカの場合、政治の中心はワシントンＤＣで、経済の中心はニューヨークだ。しかし、Ｔ型フォードが大量生産されたのはデトロイトだし、ＩＴ革命で中心的な役割を果たしたのは、サンフランシスコ近郊のシリコンバレーだった。なぜか？

答えはシンプルだ。保守的で既得権に溺れた権力の目の届く場所では、イノベーションは起きない。政府や大企業の顔色を気にして、自由な発想ができないからだ。権力から遠く離れ、自由闊達なフロンティアでこそ、革命は起きる。

同じことは中国にも当てはまる。中国政府は、首都・北京にほど近い「中《ちゅう》関《かん》村《そん》」を、「中国版シリコンバレー」に育て上げようと奮闘中だ。北京大学や清華大学といった名門校が近くにあり、優秀な人材の供給源には事欠かない。また、インテルやマイクロソフト、ＩＢＭなどのグローバル企業が研究所を設置しており、環境面でも充実している。ところが、僕が見る限り、中関村ではイノベーションは起きていない。中国政府肝いりの計画だけあって大金は流れ込んでいるが、街は古い仕組みに縛られ、斬新な発想ができない状況だ。

では、本物の中国版シリコンバレーはどこにあるのか。それは、北京からはるか南に位置する、広東省・深圳《しんせん》市だと思う。後ほど触れるＤＪＩの本社も、深圳に置かれている。

クリス・アンダーソンとの対話

さて、話を３Ｄロボティクスに戻す。

２０１５年９月下旬、僕はバークレーへクリス・アンダーソンに会いに出かけた。直接話を聞き、ＩＴ業界最強のジャーナリストを廃業してまで、ドローンに見出した未来について、直接聞きたかったからだ。

――どうして『ワイアード』の編集長を辞めてしまったんだい？

アンダーソン氏（以下Ａ）「確かに僕は、編集の仕事を辞めてしまった。恐らく、二度と本を書くことはないだろうし、編集の仕事にも戻るつもりはない。でも、ドローンメーカー経営者と編集者、作家は、それほど違う役割だとは思っていないんだ。

僕にとって、ドローンは『ジャスト・ア・ボックス（ただの箱）』。雑誌も本も単なるパッケージで、そこに何を入れ、どう表現するかが大切だよね。すべてただの箱だよ。そう思わないかい？　ドローンも、重要なのは形ではない」

――ドローンが「ただの箱」というのはどういう意味？

A「ｉＰｈｏｎｅを見てくれ。ｉＰｈｏｎｅは魅力的なデバイスだし、機能的にも優れている。でも、大事なのはそこじゃない。ｉＰｈｏｎｅ、そしてスマートフォンの普及によって、僕らの生活は大きく変わった。世界中がネットワークを通してつながるようになり、僕らは当たり前のようにクラウドやアプリを使うようになった。それこそが、ｉＰｈｏｎｅのもたらした本当の価値なんだ。ドローンも、それが世の中をどう変えるのかという点に価値があるんだ」

――なるほど。同じことは自動車にも言えるかもしれないね。自動車はＴ型フォードの時代から、方向を定めるハンドルがあり、スピードをコントロールするアクセルとブレーキがついている。ほとんどの自動車は、相変わらず４輪のままだ。でも、「箱」は当時のままでも、世の中にもたらす価値は大きく変わっているよね。１００年前は

バークレーの3D ロボティクス本社にて、クリス・アンダーソン氏を取材。
同じところにじっとしていられない様子が印象的だった

カーシェアもクール宅配便もなかった。モノ自体より、モノがもたらす価値のほうが大切だという意見は、納得できる。

ところで、なぜ3Dロボティクスの開発部門は、シリコンバレーではなくバークレーに置かれているの？

A「カリフォルニア大学バークレー校の存在は大きい。優秀な頭脳を持った若者を集めやすいからね。でも、いちばん重要なのはドローン規制の問題だ。シリコンバレーの近くには、サンフランシスコ国際空港やノーマン・Y・ミネタ・サンノゼ国際空港があるし、軍関係の施設も多い。だから、ドローンを飛ばすことはできないんだ。一方、バークレーなら規制がないので、好きなように飛ばせる。まあ、自宅が近いというのも、理由のひとつではあるけどね（笑）」

――今、3Dロボティクスの従業員数はどのくらい？

A「バークレーにいるのは100人くらい。そのほとんどが、開発・テスト・製造を担当している。一方、テキサスと、メキシコのティフアナにも工場があり、それぞれ50人程度のスタッフが働いているよ」

――ドローンの世界では、DJI（中国）とパロット（フランス）というライバルがいるよね。両社について、どう思っている？

A「パロットは（オープンソースを共有する）われわれの仲間だ。DJIは……（表情が厳しくなる）、彼らと僕らは、目指す世界が違うと思うね」

――それはどういう意味？

A「DJIの強みはハードウェアにある。彼らはハードを開発するスピードが速いし、安価な製品を生み出すのも得意だ。だが、彼らが作っているのは、ただの製品だ。それを提供することで、世の中をどう変えていくかというビジョンには欠けている。

一方、僕たちが作っているのは、単なるドローン製品ではない。ドローンは世の中を変える可能性を秘めている。いわば、世の中を支えるプラットフォーム、インフラになり得るものだと考えている。また、3Dロボティクスの強みはソフトウェアだ。オープンソース化を進めて世界中から知恵と技術を集めている。だから、DJIと当社ではやり方が大きく異なる」

――オープンソース戦略をとるということは、コミュニティを大事にするわけだよね。

A「そう。僕らは、自社でソフトウェアを囲い込むアップルではなく、多くの人が開発に参加できるアンドロイドやグーグルのような戦略をとっている。(僕を含めた取材立ち合い者全員が、テーブル上に置いているｉＰｈｏｎｅを指差して)君らは全員、ｉＰｈｏｎｅを使っているね。ｉＰｈｏｎｅは優れた端末だけど、グローバル市場では10％程度のシェアしか獲得できていない。ｉＰｈｏｎｅを持っているのは、お金のあるグローバルエリートだけなんだ。

一方、アンドロイドのユーザーは十数億人。僕らはオープンソース化によって、ドローン界のアンドロイドになろうと思っている」

――今後、ドローンはどんな用途に使われると思う？

A「まず挙げられるのが農業だ。種まきや農薬の散布、農作物の状況をチェックする際などに、ドローンは大活躍するだろう。災害時には空から被害状況を確認できるし、ハリケーンが来たときには、人を危険にさらすことなく気圧や風速などをモニターすることが可能だ。不動産業界や放送業界でも使われるだろうし、考古学や自然保護などに活用することもできるだろう。

もちろん、運送業での活用は真っ先に進むはずだ。（窓の外を指差して）あそこにあるスプリンクラーを見てごらん。機械がやっている水まき作業を人力でやったら、とんでもないコストがかかるだろう？　ドローンも同じだ。現在は莫大なコストをかけて行っている運送作業をドローンに置き換えれば、モノを運ぶ費用は大幅に安くなる。ロボットによるロジスティクスだ」

――さらにその先に実現しそうなことは？

A「『モノのデジタイジング』だろう。インターネットの世界では、僕らは当たり前のように検索を行っている。現在、リアルな世界で『検索』を行うのは難しいが、近い将来、ドローンによって実現できるかもしれない。ドローンがそこまで飛んで行って、現実世界で検索してくれるんだ」

――確かに。街中にたくさんのドローンが飛び交うような社会がやってきたら、「新宿三丁目にいる緑色の服を着た人」「ニューヨーク五番街で売られているアンティー

ク な家具」などの条件で、検索することができるかもしれないね。

Ａ「そう。世界そのものをデジタル化して、今、インターネットの世界で可能になっていることを、現実世界でもできるようにしたいんだ。『エクステンディッド（拡張された）・インターネット』というわけだね」

――ということは、３Ｄロボティクスが目指しているのは、「現実世界のグーグル」になるということなのかな。

Ａ「その通り！」

大学研究室のような雰囲気のバークレーオフィス

クリス・アンダーソンは僕らを快く迎えてくれ、結局、僕らはオフィスに4時間半も滞在し、最新のテクノロジーから資金調達の片鱗まで見せてくれた。

オフィス内の雰囲気は、シリコンバレーのスタートアップが、セカンドステージに上がったような雰囲気で、いくつかの課題は抱えるものの、業界の伸び率は５００％

と環境は最高だ。その中でもリーディングカンパニーのひとつであるので、黙っていても注目を集めている。

会社のコーポレート・アイデンティティは、「Life after gravity」。人類を縛ってきた重力からの解放を目指す挑戦的なキャッチフレーズは、バークレーのカルチャーとも合っているように思える。「兵器産業には絶対に協力しない」と何度も話していたのが、実に印象的だった。「3Dロボティクスの社員の平均年齢は20代半ばじゃないかな」とアンダーソンは話したが、実際はもう少し年齢が上のエンジニアが多く働いていたように見える。また、アジア系のエンジニアをほとんど見かけなかったことに、僕は少しだけ違和感を感じた。なぜなら、カリフォルニア大学バークレー校はアジア人学生が多いことで知られ、今のバークレーに住む人々の15%がアジア人であるのに対し、この企業ではほとんどアジア人を見かけない。見方によっては、ここは古いバークレーを温存しているようにも見えた。

それも相まって、僕にコンピュータ黎明期を感じさせるのかもしれない。ここには、「懐かしいカリフォルニア」がある。

メキシコ・ティフアナの工場を見学

クリス・アンダーソンへの取材を終えた次の日、僕はメキシコ・ティフアナにある3Dロボティクスの工場に向かった。

まずは、飛行機でサンディエゴに移動。そこから車に乗り、バハ・カリフォルニアに向かうためのふたつある国境のうち、工場の近くにある「オタイ・メサ」に到着。そのまま車で入国する手もあったが、久しぶりに10分ほど歩いて、徒歩でメキシコに入ることにした。

税関ではパスポートチェックすらなし。ボタンを押すだけで通過できる。帰りにメキシコからアメリカに入国する際には、さすがにパスポートチェックを受けたが、「なぜメキシコに行ったのか」「なぜアメリカに戻ってきたのか」「変なモノは持ち込んでいないか」という通り一遍の質問を受け、バッグをX線で確認されただけで終了。パスポートにはスタンプは押されずじまい。バハ・カリフォルニアはメキシコだが、事実上、アメリカなのである。

メキシコに入ると、そこには迎えの車が待機していた。そこから15分ほどドライブした場所に、３Ｄロボティクスの工場はあった。サンディエゴが東京だとすると、ティフアナは川を隔てた向こう側、つまり川崎のような場所にある。近くには、京セラをはじめとするいくつかの日本企業の工場も並んでいた。

ムノス氏のハイスクール時代の同級生だというグエルモ氏に工場内を案内してもらった。規模は、正直言って大きくない。いわゆる町工場のようで、メキシコ人たちが手作業でドローンを組み立てていた。

僕は正直、違和感を感じた。これが、米国を代表するドローン企業の工場なのか？後述するＤＪＩとあまりに規模が違う。その感触を正直にグエルモ氏にぶつけてみると、一瞬困惑した顔を見せたが、現状を話してくれた。

それはこういうものだった。３Ｄロボティクスという企業は、もともとオープンソース、オープンアーキテクチャで始まり、それらを使うユーザーのためのパーツやモデルとなる機体を作っていた。しかし、２０１５年４月に発表された「Ｓｏｌｏ（ソロ）」（詳しくは後述）から、会社は大きく方向転換することになった。いわゆるターゲットを消費者に向け、誰でも買ったその日に箱を開ければ、すぐに飛ばせる機体の製造を事業のメインに据えることになる。

このメキシコの工場は、その「Ｓｏｌｏ」以外の生産を受け持つ工場というわけだ。事実、「Ｓｏｌｏ」は深圳にあるＤＪＩの「Ｐｈａｎｔｏｍ」を作る工場の隣にある工場で生産されている。

この話を聞いて、かつてアップルがガレージ企業同然の中から「アップルⅡ」を売り出したあと、誰もが簡単に使えるコンピュータ「マッキントッシュ」を発売したときに、多くの創業メンバーが主流から外された逸話を思い出した。

それまで、顧客にはマニアしかいなかった産業が、ある日を境に誰でも簡単に動かすことができる製品を出すとき、会社では「これまで」と「これから」のふたつの製品やそれに携わる人たちが、分かれていくことになる。３Ｄロボティクス社は、もはやガレージ企業ではない。そして、このメキシコの工場は、かつての３Ｄロボティクスのガレージを、今も保守する場所なのである。

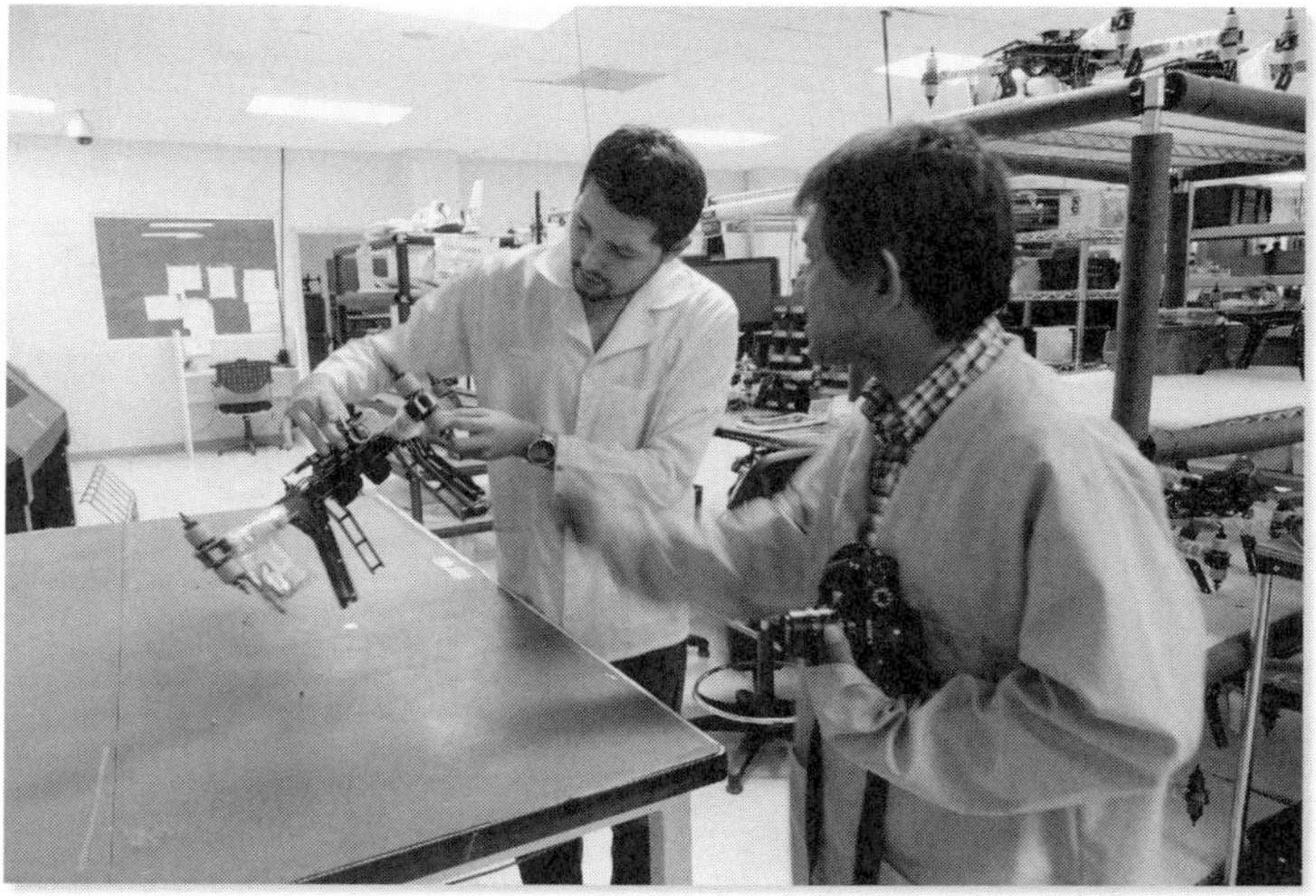

３Ｄロボティクスのメキシコ・ティフアナ工場。グエルモ氏に新機種の説明を受ける

最新ドローン「Solo」とGoPro

機能を追加・拡張できるドローン「Solo」

２０１５年４月、ラスベガスで開催された世界最大の放送機器展ＮＡＢで３Ｄロボティクスは新しいドローンを発表した。キャッチフレーズは「世界初のスマートドローン」。

ＯＳはリナックスをベースにしたオープンソース（通称ドローンコード）で、ＣＰ

U（搭載されたフライトコントローラー）によって自動的に機体が安定制御できる仕組みになっている。事前登録した場所への往復、目標の自動追跡といった自動飛行ができ、OSのクラッシュなどのトラブルが起きた場合は自動的に帰還することも可能な、最新鋭の機体だ。名前は「Solo」。価格は1000ドル程度で、デザイン面はDJIに比べると格段に良い、と多くの人々は話していた。

Soloには一般的なドローンと異なる特徴がある。それは、内蔵カメラがないという点だ。ドローンにとって、空撮が可能なカメラの存在は、欠かせない魅力のひとつ。では、Soloはカメラを搭載していない欠陥品なのだろうか？

もちろん、そんなことはない。3Dロボティクスが用意した答えは、「GoPro」の採用だった。

GoProは、米ウッドマン・ラボ社が開発・販売している小型カメラブランドだ。同社の創設者であるニック・ウッドマン氏は、カリフォルニア出身のプロサーファー。自分自身が波に乗っている姿を写真に撮るため、腕やサーフボードに固定できる防水カメラを開発したのがスタートだった。

GoPro の特徴は4つある。ひとつめは、防水性・耐久性を兼ね備えていること。例えば、サーフィンやスカイダイビングといった厳しい状況でも壊れにくいため、いわゆる「エクストリーム」な環境で活躍してくれるのだ。そのため、販売も家電量販店などではなく、当初はスポーツショップが中心となった。

ふたつめの特徴は小型であること。ロードバイクなどに取りつけても邪魔にならないし、登山などに持参するときもさほどの負担にはならない。3つめが、用途に応じた各種の「マウント」が用意されていること。頭や腕などに装着することもできるし、サーフボードなどさまざまなギアにつけることも可能だ。

これまでに体験したことのない映像を撮るために、いくつもの工夫を凝らしたカメラが GoPro なのだ。

そして4つめ、GoPro にはそれまでのデジタルカメラと一線を画す特徴がある。それは、本体にモニター画面がない点だ。多くの人が考えるデジタルカメラとは、撮った写真がその場で見られる画面を当たり前のように持っている。アナログフィルムではなく、デジタルカメラの利点のひとつは現像がいらないこと。だから、撮ったその場で写真を見られる道具こそが、デジタルカメラだと考えられていた。

ＧｏＰｒｏは、この概念を叩き壊した。撮った写真や動画をその場で見ることはできない。あとでコンピュータにメモリーカードを転送して、確認する必要がある。だが、このＧｏＰｒｏの誕生の理由を思い出していただきたい。創設者ニック・ウッドマン氏はサーファーで、自分自身が波に乗っている姿を写真に撮るため、腕やサーフボードに固定できる防水カメラを開発したのだから、モニター画面がついていても見ることはできない。

それはサーフィンに限らず、多くのエクストリーム・スポーツでも同様だ。だから、モニター画面など必要ない。その分、耐久性があり、何より小型であることが望まれる。おわかりのように、ＧｏＰｒｏは会議室や研究所で生まれたのではない。エクストリーム・スポーツの現場で生まれた今までにないカメラとして、世界中で大ヒットしたのだ。

そしてＳｏｌｏには、このＧｏＰｒｏを取りつけるための仕組みが備えつけられている。内蔵式ではないため、最新型のＧｏＰｒｏが登場した場合には、簡単に交換が可能だ。また、Ｓｏｌｏには「アクセサリー・ベイ」と呼ばれる拡張スロットが用意されており、全方位カメラやＬＥＤライトといったオプション機能を追加することもできる。

さらに言えば、Ｓｏｌｏ はＧｏＰｒｏ ユーザーのためのドローンだとも言えるし、ドローンはエクストリーム・スポーツの一端だとも言える。そして、その根底には、カリフォルニアのエクストリームな文化潮流があることを常に感じる。

また、多くの人が持っているスマートフォンは、あとからアプリをインストールすることで、機能を追加・拡張することができるのはご存知の通りだ。Ｓｏｌｏも同様に、あとからハードウェアを追加したり、交換したりすることで、性能を高めることが可能となる。このあたりにも、オープンソース化を進めて幅広い企業・ユーザーを巻き込むことで、自社のドローンを盛り上げようとする３Ｄロボティクスの思想を垣間見ることができる。

3DロボティクスとGoProの決別

すでに書いたように、GoProを開発したウッドマン氏はプロサーファーだ。つまりこの商品は、ユーザーが自ら遊ぶために作られている。根底に流れているのは、「斬新な映像体験を提供し、利用者（時にはコミュニティのメンバー）をとことん楽しませる」という思想だ。「ユーザーに、斬新な体験を提供する商品」という点において、GoProとドローンはまったく共通している。そして、エクストリーム・スポーツもドローンも、コミュニティが業界発展のベースにある。かつては雑誌にしかなかったコミュニティが、インターネットによるウェブの時代を経て、映像の時代になったことは、この両者にとっても喜ばしいことだろう。

だから、現在のドローンにカメラは不可欠だ。そのため、ウッドマン・ラボと3Dロボティクスが協力し合うのは、ごく自然なことだと言えるだろう。

だがGoProは、独自にドローン「Karma」をリリースすると発表した。これはＧｏＰｒｏにとって、「いつか来た道」にならないだろうか。なぜならば、かつてＧｏＰｒｏはＤＪＩと蜜月ともいえる関係にあったが、おそらく利益配分の点から仲違いし、その後、ＤＪＩは自社製のカメラを搭載して発表した「Ｐｈａｎｔｏｍ３」で世界的な大ヒットを飛ばすことになる。ＧｏＰｒｏを作るウッドマン・ラボからしてみれば、逃した魚は大きいように思うが、３Ｄロボティクスとも袂を分かつことが、本当にウッドマン・ラボにとって良い選択なのだろうか？　スマホの高機能化や類似商品が増えたこともあるが、２０１６年２月の四半期決算は最悪の数字で、ＧｏＰｒｏの売上高は４億３６６０万ドルと前年比31％の大幅減になった。

ＧｏＰｒｏの運命は、皮肉なことに「Ｋａｒｍａ」（「業」や「宿命」の意）と呼ばれる自社ドローンの今後の運命にかかっているのだ。その結果は数年後には判明するだろう。

ドローン市場の7割を押さえる、中国ＤＪＩ

創業10年弱で企業価値1兆円超えを達成

さて、３Ｄロボティクスを抑えて、ドローン業界の首位を走っているのが、中国のドローンメーカーであるＤＪＩだ。現在、世界のドローン市場の約7割は同社の製品によって占められているといわれる。

ＤＪＩの創業者は汪滔（フランク・ワン）氏。１９８０年生まれで、２００３年に香港科技大学を卒業した。2006年にDJIを創設し、当初は小型ヘリコプターの開発を行っていたが、マルチコプターを手がけるようになってから大躍進を遂げた。DJI会長の李泽湘氏は香港科技大学教授で、創業時から現在に至るまで、汪滔氏のメンター的存在だ。

2010年当時、40人程度だった従業員数は、2015年には3000人にまでふくれ上がった。このうち、半数にあたる1500人程度が開発担当者。だからDJIは、企業規模でも開発に割り当てられるパワーの面でも、3Dロボティクスをはるかに凌駕している。

同社は現在、売上額を公表していない。しかし、ロイター通信は、2013年の売上額が1億3000万ドル（約156億円）、2014年が5億ドル（約600億円）、2015年が10億ドル（約1200億円）と推計している。

経済誌『フォーブス』が発表した「中国の富豪100名」によると、汪氏は2015年に初めて58位にランクイン。その資産額は36億ドル（約4320億円）と言われている。また、『フォーブス』によれば、DJIの企業価値は100億ドル（約1兆2000億円）程度と見積もられているという。

DJIをトップに引き上げた傑作「Phantom」

ＤＪＩが大きなシェアを獲得する原動力になったのは、２０１３年に発売したドローン「Ｐｈａｎｔｏｍ（ファントム）」だ。

Ｐｈａｎｔｏｍの特徴は、誰でも扱える利便性とコストパフォーマンスの良さだ。低価格帯のモデルであれば、10万円前後で購入が可能。しかし、飛行性能や安定性などのレベルは高い。初心者でも比較的簡単に飛ばすことができるし、中級者でもドローンの楽しさを存分に味わうことができる。非常にバランスの良い機体だと言えるだろう。

なぜ、Ｐｈａｎｔｏｍのコストパフォーマンスは良いのか。理由のひとつは、その構造にある。

ドローンは「回転翼がついた空飛ぶスマートフォン」だという話はすでにした。ドローンの中には、ＣＰＵや各種メモリーなど、スマートフォンと似通った部品が多数積まれている。乱暴に言えば、３Ｄロボティクスのドローンには、本体とコントローラーの両方にスマートフォンが入っている。これに対し、Ｐｈａｎｔｏｍは本体がスマートフォンで、コントローラーは比較的簡素な作りになっている。

機能面では「スマートフォンを2個使っている」３Ｄロボティクス製のドローンにやや劣るが、その代わりに低コストで製造ができる。

僕がＤＪＩの関係者から直接聞いた話によれば、２０１５年夏の時点で、全世界でこれまでに発売されたドローンは、４００万〜５００万機。このうち、ＰｈａｎｔｏｍシリーズだけでＣ３００万機を占めているという。また、地域別に見たＰｈａｎｔｏｍシリーズの売上比率は、アメリカが30%、中国とＥＵが20%ずつ、日本が5%、その他の地域が25%という割合になっているそうだ。

独自路線を選んだＤＪＩ

３Ｄロボティクスと、ＧｏＰｒｏを手がけているウッドマン・ラボが蜜月関係だったことはすでに述べた。そして前述したように、初期のＰｈａｎｔｏｍにもＧｏＰｒｏが搭載される仕組みが用意されており、ある時期まで、ＤＪＩもウッドマン・ラボと協調路線を歩んでいたのも間違いない。しかし、両社は仲違いをし、2015年に発表された「Phantom 3」から、DJIは独自開発したカメラシステムを搭載するようになっている。

一方、3Dロボティクスは、オープンソース化の路線を歩んでいる。世界中の開発者、ユーザーの知恵を借りながら、自社製品の価値を高めようとしている。だが、DJIが進めているのは、自社技術の囲い込みである。ソフトウェアとハードウェアをブラックボックス化し、独力での機能向上を目指している。

それを可能にしているのが、DJIの開発体制だ。3Dロボティクスの開発メンバーは、せいぜい100人程度。それに比べてDJIは、約1500人の開発者を抱えている。自社だけでもスピーディな開発ができるだけの体制を整えている点は見逃せない。

ドローンなどの先端技術に携わる人々の中では、「シリコンバレーで1カ月かかることが、深圳では1週間で済む」とよく言われる。中国のほうが、物事が4倍も速く動くというのである。

だが、僕に言わせれば、ドローン業界ではもっと大きな差がついている。3Dロボティクスが3カ月かけて実現していることを、DJIは1週間でやり遂げてしまうように、両社を実際に回って感じる。

DJIの開発力は、どうしてこれほどすさまじいのか。それは、単に一企業だけの話にとどまらない。その背景にあるのが、ものすごいパワーを発揮している「広東チャイニーズ・シリコンバレー」の存在だ。

チャイニーズ・シリコンバレーの勢い

巨大なテクノロジー地帯「珠江デルタ」

広東チャイニーズ・シリコンバレーの中心地である深圳は、中国南東部、広東省に位置する都市だ。世界有数の経済都市・香港に隣接しており、人口は約１３００万人。北にある東莞《とんかん》も含めた「珠江《しゅこう》デルタ地帯」は、人口４０００万人規模の大都市圏になっている。東京に、神奈川・千葉・埼玉県などの一部を加えた「東京都市圏」の人口が約3300万人であることを考えると、深圳の秘めるパワーのすごさがわかるだろう。

今でこそ世界最大級のテクノロジー都市に成長した深圳だが、30年ほど前までは単なる小さな村だった。1980年代の人口はわずか5000人程度だったといわれている。

僕が初めて深圳を訪れたのは、1990年代後半だった。ストリート・ファッションブランドを手がける友人たちに、ある日突然、深圳行きに誘われたのだ。

当時の深圳は、そこら中にアパレル工場が立ち並ぶ街だった。人件費の安さを武器に、日本を含めた海外アパレルメーカーの下請けとして成長。街全体が急ピッチで拡大し、エネルギーに満ちていたのを覚えている。

僕はそれから、何年かに一度のペースで深圳を訪れた。そのたびに、街はだんだんとテクノロジー色を強めていき、みるみるうちに発展していった。最近は、わずか数カ月で次々と建つ新しい高層ビルやテーマパークを見て驚くのが、深圳訪問時の恒例行事になった。その勢いは今も止まらず、現在では深圳の物価や地価は、東京以上に値上がりしている。

そして、深圳だけではあふれる人口を吸収できなくなってきている。そこで新たに開発されたのが東莞市だ。こちらは、急速に都市化してさまざまな問題を抱えた深圳の反省を取り入れ、環境に配慮した街づくりが進められている。広々とした公園などが整備され、研究・開発に打ち込むにはぴったりの環境である。そこで、ロボティクス関連のベンチャー企業は、最近は東莞で創業するケースが急増中。それは、ＤＪＩの会長である李氏が中心となり、この地を、次世代の中国を代表するロボティクス産業の集積地にしようと、巨額を投入して一大リサーチセンターを作ったからである。

昔の秋葉原をはるかに超える規模の電気街

僕は、物心つく頃から秋葉原に入り浸っていた。父の友人が秋葉原にいたこともあって、頻繁に遊びに行くうちに、気がつくと電気街に吸い寄せられ、ラジオ作りなどにハマってしまったのだ。トランジスタラジオをはじめとするテクノロジーやメカに興味を持ったのは、昭和の日本男児としてはごく自然なことだったのだろう。なじみの電気屋に行っては、オヤジさんがハンダごてを握って何かを作っている姿を、僕は飽きもせずに眺めていたものだ。

それから何十年もたった2000年代初めくらいまで、僕はちょくちょく秋葉原に通っていた。例えば、DJをする際に使うヘッドフォンの音質に不満があるときは、ガード下にあった昔なじみのケーブル屋や、トランジスタ屋のオヤジさんに相談していた。

僕が「もっと低音が出るようにしたいんだ」と相談すると、オヤジさんは店の奥から電電公社時代の純銀の電話線ケーブルを引っ張り出し、僕の目の前でカットしてヘッドフォンにハンダづけする。僕が音をチェックし、さらに要望を出すと、今度は別のケーブルを引っ張り出してはハンダづけをするのだ。

そうしたオヤジさんたちは、2000年を前後して、軒並み引退してしまった。その後の秋葉原が、アニメやメイド喫茶だらけの街になってしまったのは、多くの方々もご存知の通り。ものづくりの街から、消費の街へと変わっていった。

今の深圳には、昔の秋葉原のような雰囲気があふれている。昔の秋葉原には、現場でモノを作る人がゴロゴロいたように、深圳の雑居ビルに入ると、店舗と作業場を兼ねた小さな電気屋が軒を連ねる。そこには、工具を握ったオヤジさん、ニイちゃんがいて、客のオーダーに応じてモノを作り出している。その熱気は、何十年か前の秋葉原にそっくりだと感じる。

しかもその規模は、秋葉原とはケタ違いに大きい。かつて秋葉原には、「ラオックス ザ・コンピュータ館」という建物があった。6階建てビルのすべてがパソコンや周辺機器の売り場にあてられており、秋葉原の中でも最大級のパソコンショップとして知られたランドマークだった。ところが、深圳のテナントビルはスケールが違う。「ザ・コンピュータ館」と同じくらいのビルが、LED売り場だけで埋め尽くされていたりする。もう、日本とは比べものにならないほどのスケール感で、規模的には20倍以上大きいと思われる上に、いつも街中が工事中で、今も拡大を続けている。

街中に「ものづくりの文化」があふれている

深圳は、世界一巨大な製造拠点だ。それは、ドローンに関しても当てはまる。街の至る所に、ドローンや関連パーツの製作・加工を手がける会社があり、毎日、たくさんの商品を世に送り出している。

もし、本書をお読みのあなたがドローンメーカーになりたいなら、深圳に行けばいい。香港国際空港から直行フェリーに乗って深圳に着いたら、まず、ものづくりのコーディネーション企業を訪ねる。そして、どんなスペックのドローンが欲しいか相談すれば、3〜4日でサンプルが完成する。もし気に入ったら、量産の見積もりを取ろう。朝のうちに頼めば、夜には見積書が送られてくるはずだ。

残念だが、日本でこんなスピード感のものづくりビジネスは期待できない。見積もりを頼んでも、担当者は「持ち帰って検討させてください」と言い残し、2週間くらいは待たされるだろう。その間に、深圳では量産を始めてしまう。

猛スピードの開発を可能にするのが、深圳の「ものづくり力」だと実感する。昔の秋葉原にいたようなものづくりオヤジさんやニイちゃんたちが、今の深圳にはたくさんいる。それも、秋葉原の何倍、何十倍もだ。彼らの存在が、チャイニーズ・シリコンバレーのものづくり力を支えているのだ。

全中国の頭脳が中国版シリコンバレーに集結

広東チャイニーズ・シリコンバレーを支えているもうひとつの力は、「頭脳」だ。今、深圳には、全中国、いや、全世界から優秀な才能の持ち主が集まっている。その求心力は、資金というより、未来に賭ける挑戦的な姿勢やスピード、そして「博打的な進め方」にあるように思う。ハズれることを怖がらず、当たったら儲けもの、くらいに思ってわれ先へと進んで行く。だが、それに伴う技術力は、しっかりと裏づけられたものがある。

その鍵を文字通り握っているのが、香港科技大学だ。１９９１年設立の歴史の浅い大学だが、世界的な評価は急上昇中。英タイムズが発行している『タイムズ・ハイアー・エデュケーション（ＴＨＥ）』の世界大学ランキングによると、２０１５〜２０１６年度版で、同大学の順位は世界59位（ちなみに東大は43位）。アジアに限れば7位に入っている。また、イギリスの教育機関であるクアカレリ・シモンズが発表しているランキングによれば、世界では18位、アジアでは4位という高順位に入っている。

1997年、香港は中国に返還された。これに伴って、世界中から優秀な人材を集めた教育機関を作ろうというのが、当時の中国政府の考えだった。彼らは莫大な予算をかけ、「80後」「90後」と呼ばれる、80年代生まれや90年代生まれの、世界各地で学んでいた優秀な中国人たちを呼び寄せ、香港科技大学に集めた。

広東チャイニーズ・シリコンバレーのロボティクス部門のキーマンと言われる、李泽湘教授もその仕掛け人のひとりだ。そして、彼らが育てた学生たちが、成長著しい現在の中国を支えている。DJIの創業者・汪滔氏は、李教授に育てられた香港科技大学が生み出した人材の筆頭と呼べるだろう。

訪ねてみてわかったが、この大学は、喧騒と離れた香港郊外の風光明媚な場所に置かれている。周りは緑が豊かで、ここがとても香港だとは思えない。また、構内に高級チャイニーズレストランも併設され、これ以上の研究環境はなかなかないと思われる。

新しく、そして世界から人材を集めた大学とあって、キャンパスの雰囲気は実に明るい。僕のような訪問者も快く受け入れ、自分の大学はもちろん、他大学の面白そうな人物も積極的に紹介してくれる。このキャンパスは、誰もがオープンマインドなのだ。そして、若い人材がとにかく多い。20代の准教授、30代後半の教授が、キャンパスにはゴロゴロいるので、誰が学生で誰が先生なのか、よくわからなくなってしまうほどだ。

広東チャイニーズ・シリコンバレーには、自ら手を動かしてモノを生み出す「ものづくりのプロフェッショナル」と、14億の中国人から選りすぐった「中国の頭脳」が集まっている。そこに世界から香港に集まった投資マネーが一緒になって、世界一のテクノロジー都市の原動力になっているのだ。

中国のスピードと「博才感」

その原動力の具体的な例を、実体験をもとにお話ししたい。

２０１５年初夏、僕は香港科技大学の李泽湘教授にお目にかかる好機を得た。前述したように、李氏はＤＪＩの会長でもあり、広東チャイニーズ・シリコンバレーのロボティクス部門のキーマンである。食事のあと、彼は突然、僕たちに切り出した。

「香港に来て、一緒にドローン関連の会社を作らないか？」

李氏は、シリコンバレーのトップ級ファンドと香港政府から、すぐに数億円規模の資金が調達できると語っていた。そこで、翌月あたりに会社を立ち上げてくれないかと、僕ら数人のメンバーに突然言い出した。

これまで一緒にビジネスをしたこともない人物に、数億円規模の資金を提供するというオファーとこのスピード感こそが、今の中国である。おそらく、こうやって世界中の才能が中国に協力しているのだろう。

僕が中国に脅威を感じるのは、この「スピード」と「博才感」だ。人口や国力、資金ではない。一か八かに賭ける気概を世界で最も持っており、また強力な博才を持つ人物も多い、と、たくさんの人たちと会ってみて感じる。

例えば、日本の高名な大学教授たちは、いくら面白いからといっても、初めて会う人物にいきなり数億円の出資の話を持ちかけたりしないだろう。何度も何度も会って「持ち帰って検討」するだろうし、何か問題があっても自分の責任が回避できるようになるまでは、決定することはない。

すなわち、その話はその時点ですでに「投資」でも「博打」でもなんでもない「当たろうが失敗しようが、どうでもいいもの」になってしまっている。

だから、まったくリスクがない、国家からの補助金の奪い合いだけが横行することになる。１００％成功するものがこの世にない以上、すべてのプロジェクトは博打だ。だから、そのプロジェクトを成功に導こうする最初の決定者は、経営者だろうが大学教授だろうが、博才が求められることになる。

言い換えれば、成功するかどうかわからないものに「賭ける度胸」だ。


日本の失われた25年とは、この「賭ける度胸」を失ったことに尽きる。その結果は現在の状況を冷静に見ると明らかだ。２０１５年度のアジアの経済に関するアジア開発銀行のレポートを見れば、医療および通信機器、そして航空機など、アジアにおけるハイテク製品輸出において、中国が占める割合は、２０００年の9・4％から２０１４年には43・7％まで伸びている。一方、長らくトップを走ってきた日本は、２０００年の25・5％から２０１４年は7・7％にまで下がってしまった。同じく、中国のロ—テク製品輸出の割合は、２０００年の41％から、２０１４年は28％に下がった。

おわかりのように、すでに中国は日本を抜くハイテク技術大国になったのである。

この成功は、中国の「賭ける度胸」の賜物にほかならない。よく言われる「大きな市場」はそれを支えたにすぎない。

そして、「スピード」だ。これは、このまま中国と日本のドローンビジネス、そしてその後のロボティクス産業全般の未来を指し示すように感じてならない。「賭ける度胸」を持ち、果敢に新産業に挑むのか、言葉だけの特区を作り、補助金を奪い合うのか。どちらが未来の勝者か、答えは言うまでもない。

DJIの会長・李泽湘氏にお目にかかる好機を得た

ハードとソフトの両輪で進められるか？

ものづくりの力を失ったアメリカ

今、日本ではものづくり力の復活が叫ばれている。安倍晋三首相も、さまざまな場で「ものづくり日本を取り戻したい」と語っているようだ。だが、秋葉原と深圳を比べてみれば、この分野で中国を追い抜くことは、正直難しいとわかるだろう。日本は冷静に世界を見渡し、根本的に異なる新しいポジションを早急に確保する必要がある、と個人的に感じている。

同じことは、アメリカにも言える。パーソナル・コンピュータ黎明期のアメリカには、小さな工場がたくさんあり、盛んにモノを作り出していた。「ＡｐｐｌｅＩ」はスティーブ・ジョブズの自宅ガレージで作られ、それ以外のコンピュータも、多くは町工場のような場所で製造されていた。

ところが、アメリカが不景気になり、人件費の負担に耐えられなくなると、工場はアジアや中米に移転していった。その結果、アメリカはハードウェアを作る力を失い、ソフトウェアだけを手がけるようになって、それが米国の新しいビジョンとポジションになった。

パーソナル・コンピュータ全盛期、そしてその後のインターネット普及期までは、それでも良かった。ハードウェアの製造は陳腐化して付加価値を生めなくなり、イノベーションはソフトウェアの分野でのみ起きていたからだ。アメリカ、特にニューヨークとサンフランシスコ周辺は、「非物質の世界」であるインターネットで、わが世の春を謳歌していた。しかし、ドローンに代表される「新しいハードウェア」の時代＝ロボティクスの時代が再び到来し、アメリカの繁栄は曲がり角に差しかかっているように、僕には見える。だから、今後の米国の戦略的焦点は人工知能となる。それは、ハードウェアを作る力がなくなった米国の、消去法的選択なのかもしれない。

ハードウェアを「アップデート」する中国

ドローンのマニアは、機体を自作したり部品を交換したりすることで、いろいろな性能アップを目指す。その際、キーのひとつとなるパーツに「ジンバル」と呼ばれるものがある。

ドローンで空撮を楽しもうとしたとき、ドローン本体に直接カメラを取りつけるのは望ましくない。ドローンの振動でカメラがブレるし、ドローンが傾くたびに映像・画像も傾いてしまうからだ。ところが、回転軸を利用してカメラの動きを安定させる装置「ジンバル」があれば、滑らかで美しい映像を撮影することができる。

僕は深圳に集まる中国のメーカーに連絡して、ジンバルを個人輸入したことが何度もある。最初の頃はひどかった。届いた製品を開封してみると、あまりに不具合が多くて使えない。完成度50％以下、試作品レベルの代物を売りつけられたと何度も感じた。これはあまりにひどい！　と文句を言うと、２週間くらいしてから不具合を修正するためのパーツを送ってきた。

これを取りつけると、まあ、何とか使えるレベル。完成度は70％といったところだろうか。とりあえず納得してそのまま使っていると、３カ月後にバージョンアップ版の案内がやってきた。送料だけ負担すれば、さらに高機能な新製品を送るという。僕はすぐに申し込み、使ってみた。すると、見事１００％の完成度に仕上がっていた。

多くの日本メーカーは、商品の完成度を１００％、場合によっては１２０％にまで高めてから販売しようとする。それにより、商品のクオリティが高まるというメリットや、顧客との信頼が増す、ということはあるだろう。

しかし、開発スピードはどうしても落ちる。その結果、常に時代から少し遅れてしまった商品を出すことになり、ビジネスチャンスを逃してしまうことが少なくない。これに対し、中国では未完成の製品もとりあえず出荷してしまい、その後の修正で対応しようと考えるのだ。当初は不満を感じる消費者もいるだろう。だがこのやり方なら、最先端のニーズに合った商品を消費者の元に届けられる。そして、時代がそのように変わりはじめている。

ソフトウェアの世界では、時々アップデートが行われる。バグが見つかったり、ちょっとした機能が追加されたりするたびに、修正版をダウンロードして機能向上を図ることが可能だ。ところが、中国ではハードウェアの世界でもアップデートを提供してしまう。人件費が安く、開発のスピードが速いからこそ、このような芸当が可能なのだろう。これが、世界的な新しい価値観になっていることを注視しなければならない。多くの新しいユーザー（21世紀に誕生した中間層）は、多少不具合があっても、安価ですぐに発売される挑戦的な製品を望んでいる。

中国はハードとソフトの両輪で進む

ドローンは「空飛ぶスマートフォン」である。ただし、スマートフォンと違うのは、ハードウェアの進化が製品の機能向上を大きく左右するという点だ。ソフトウェアも重要だが、ハードウェアの技術がなければいいドローンは作れない。ここで苦境に立たされているのがアメリカだ。

３Ｄロボティクスは、メキシコに生産工場を置いている。だが、前述したようにクリス・アンダーソンいわく、最新鋭機Ｓｏｌｏは深圳の工場に生産を委託しているという。その工場は、なんとＤＪＩの工場の隣にある。これだけを見ても、アメリカがハードウェアの面で、いかに広東チャイニーズ・シリコンバレーに頼り切っているかを象徴するような話だと思わないだろうか。

そして、この広東チャイニーズ・シリコンバレーには、ハードウェアを生み出す「ものづくりの風土」と、優れたソフトウェアを開発する「頭脳」、その上に「巨大な投資マネー」が備わり、それを伸ばす人材がいる。これがあるからこそ、現在、中国は世界的に優位に立っているのだ。ＤＪＩがドローン市場で7割のシェアを獲得しているのも、こうした状況がもたらしたことだと言えるだろう。

だが、この中国式システムは決してオープンとは言い難い。今や３０００人以上が働くＤＪＩ本社の住所は非公開であり、中に入るどころか近づくことも難しい。初めて訪問するときにもらったメールにも、「住所を公開してはならない」旨が、厳しく書かれていた。

そのＤＪＩ本社は深圳市に建つ、いくつかの近代的なビルの中にある。中枢部門が入るビルには、外からＤＪＩの社名は見えず、ビルの地下駐車場に入ってから上階に上がるエレベーターにも、一切ＤＪＩの名前は書かれていなかった。ここへは漢字でもらった住所を頼りにやってきたのだが、日本人である僕はまだ漢字を理解できるからいいが、アメリカ人やドイツ人なら、しばらくはこのあたりをさまようことになるのではないだろうか。

上階にエレベーターが到着し、ドアが開けば、誰もがやっと安堵する。まるで未来のショールームのような、白で統一されたレセプションまでたどりつくことができれば、大きな「ＤＪＩ」のロゴを、初めて目にすることができる。その未来のショールームには、歴代のＤＪＩ商品が陳列され、最新機種で撮影された映像が流れている。そのおしゃれなインテリアと対照的に、セキュリティは世界のどのドローンメーカーよりも厳しい。３Ｄロボティクスのオープンな姿勢とは正反対にある。

働く人々の年齢は若く、オフィスは活気にあふれ、勢いを感じる。まるで大学かと見紛うほど若者ばかりで、基本的には中国人ばかり。この点ではグローバル感はないが、不思議なことに違和感もない。むしろ、新しい感じさえ受ける。これだけ秘密主義で、これだけ閉鎖的で、これだけ中国人がほとんどを占めている会社なのに、息苦しさは感じず、新しさを感じる。実に不思議で、今までにない空間だ。

そもそもＤＪＩが徹底的に秘密主義で、異様なまでにセキュリティが厳しいのは対外的な話だけではない。今までも内部の人間が情報を（おそらく高値で）外に漏らすような「事件」が頻繁に起きており、その教訓から、セキュリティが異様なまでに厳しくなった経緯があるのだ。

すなわち、中国人は中国人を信用していない。それどころか、社員を信用していない節さえある。だから、ＤＪＩで働く者は、他の部署のことをあまり知っている様子がない。これは会社が急速に大きくなったことだけではなく、社員にも秘密主義を徹底していることの表れだ。ＤＪＩはあらゆる意味で、３Ｄロボティクスが信じる「オープンな未来」と正反対に位置する企業だ。

もう少し俯瞰的に見れば、ＤＪＩと３Ｄロボティクスのドローンにおける競合関係は、「クローズド」と「オープン」な、あらゆる未来を示唆している。

そして現段階では、「クローズド」な未来が圧倒的に優位に立っている。あるＤＪＩのエンジニアによれば、その理由は、危険を伴う飛行物体がオープンソースのもとに誰でも作れるようになったら、世界は危機に直面するようになるからだという。確かにそのような一面もあると思うが、ＤＪＩのクローズド感は、もはやイデオロギーに近いものを感じる。

かつての冷戦のように、どちらが生き残るのかは、まだわからない。だが、もしスピードが勝敗を分けるのなら、オープンであり民主的な未来は、クローズドで独裁的な未来に勝てないのかもしれない。ただし、その独裁者が優秀であればだが。

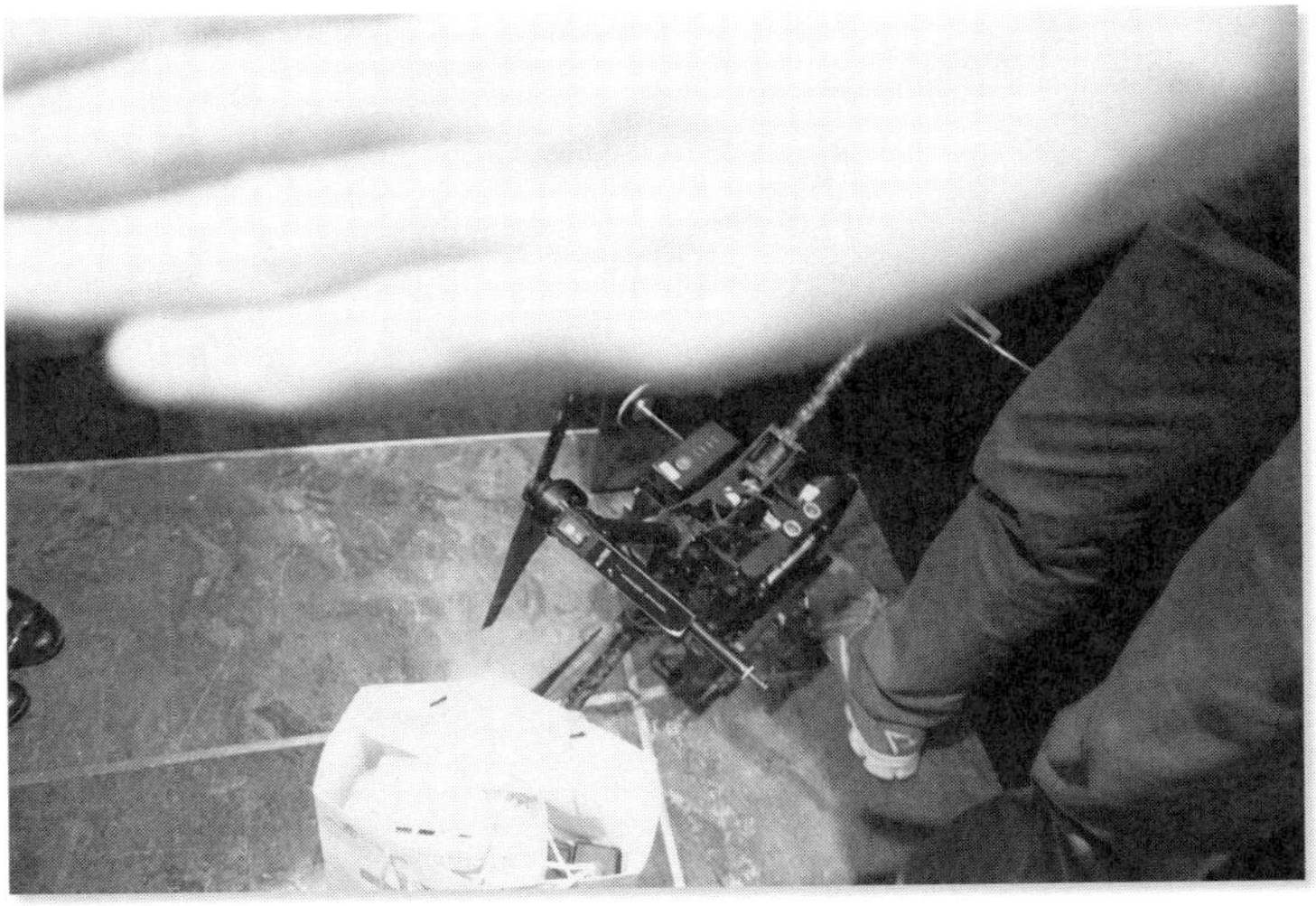

DJI は他のドローン企業と比べて、どこよりも秘密厳守が徹底していると感じる

第三勢力、フランスのパロット

通信機メーカーからドローン企業に

ここまで僕は、アメリカの３Ｄロボティクスと中国のＤＪＩという「2強」について、実際に現地に行ってその未来を肌で感じてきた。しかし、ドローン業界にはもう1社、見落としてはいけないメーカーがある。フランスのパロットだ。

もともとは電子会議システムや、ブルートゥースで接続できるヘッドセットなどを

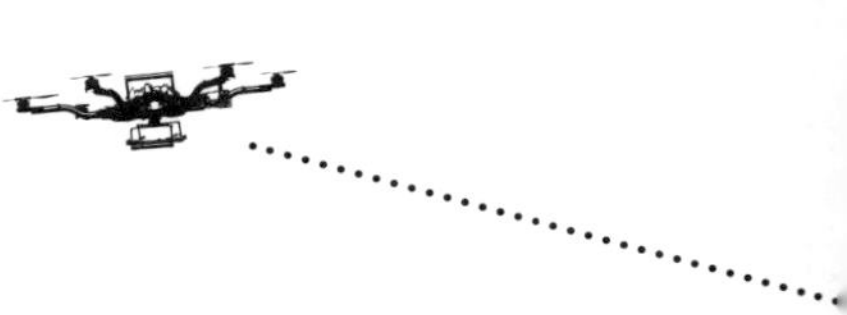

手がけていた通信機メーカーだった。だが、数年前に社内の一部門としてドローン事業を立ち上げ、「AR・Drone」シリーズや、「Bebop Drone」シリーズなどを次々と発売。現在ではドローン関連の売り上げがほとんどを占めるようになり、気がつくとパロットは、欧州を代表するドローン企業に成長していた。

3Dロボティクスと DJIは、世界のドローン市場を奪うため真正面からぶつかり合っている。ところが、パロットの立ち位置は独特だ。彼らは、次世代インフラとしてのドローンや、産業や流通の在り方を変えるドローンにはまったく興味がない。目指しているのは、あくまで「美しくて楽しいおもちゃ」なのである。

僕は2015年秋、パリ市内のパロット本社で、CEOのアンリ・セドゥ氏の知遇を得た。

パロットCEO・セドゥ氏インタビュー

——現在の従業員数はどのくらい？

セドゥ氏（以下S）「パリのオフィスで働いているのは、約650人。その中心は開発スタッフだ。また、全世界で見ると、950人ほどのスタッフがいるよ」

――昔は、通信機器を扱っていたんだよね？

S「ああ、そうだ。ブルートゥースなどの技術を使ったハンズフリー製品が、当社の主力だった。でも今は、事業の9割ほどがドローン関連になっている」

――なぜ、ドローン企業に変身したの？

S「（即答して）それは僕がクレイジーだから（笑）」

――この部屋を見回すと、美術に関する本がたくさんあるね。

S「そうだね。実はあそこに飾られている絵も、僕が描いたものなんだ」

――へえ、そうなの！　そういえば、パロットのドローンは、どれも美しいね。

S「ありがとう！　ＤＪＩのドローンとは違うでしょう（笑）。中途半端なサイズに、ダサいデザイン。僕らのセンスでは、あんなドローンは許せないよ（笑）」

――ＤＪＩのドローンは大きすぎるということ？

Ｓ「ドローンは小さいほどいい。持ち運びに便利だし環境にもいい。そして何より、そのほうが美しいと思うんだ」

――でも、機体が小さいと、荷物を運んだりするのには向かないよね。

Ｓ「それは仕方がない。僕らが作っているドローンは、あくまで『美しいおもちゃ』だ。何千キロも飛ぶような、小さくて美しい渡り鳥をイメージしているんだよ」

――渡り鳥？

Ｓ「そう。日本にも鶴という大きな渡り鳥がいるね。こちらにも大きな渡り鳥はいるよ。彼らは2、３日がかりで北欧から北アフリカまで飛ぶんだ。でも、ツバメを見るといい。小さなサイズなのに、大きな渡り鳥と同様に2、３日で北欧から北アフリカまで飛んでしまう。だったら小さいほうが、チャーミングで美しいと思わないかい？『スモール・イズ・ビューティフル』というのが、僕らの考え方なんだ」

――なるほど。世の中に役立つことより、人々が楽しむためのおもちゃを作るのが、パロットの目標なんだね。

いかにもパリジャンな洒落男、CEOのアンリ・セドゥ氏はその発言も実に小粋だ。確かな美的センスを持っている。そしてその裏には、長年情報通信分野でデバイスを設計製造してきたメーカーとしてのテクノロジーがある。

数年前、僕が初めて買ったドローンが、このパロット製だったように、誰もが目につく「華やかさ」をここの製品は持っている。ショールームはオペラ座のすぐそばにあり、「今までにないおもちゃ」というポジションを明確にしながら、市場に大きく食い込んでいる。

先日、DRONEII.COMが、商業用ドローンに関わる企業の2015年第3四半期ランキング上位20社を発表した。このランキングでは、ドローン本体の製造メーカーだけでなく、ソフトウェアやシステム開発を行っている企業も順位に含まれており、現在の商業用ドローン業界の情勢を知ることができる。

パリ市内のパロット本社で、アンリ・セドゥ氏を取材。パリジャンらしくおしゃれだ

その指標は、

1 ドローンとUAS/UAVのグーグルでの検索結果と頻度
2 ドローンとUAS/UAVのツイッターでのつぶやき頻度
3 新聞やウェブ/ブログなどでのドローンとUAS/UAVの言及頻度
4 リンクトインの上のタグ「ドローンやUAV/UAS」

となっており、合計スコアは、すべての4つの結果平均値から算出されている。

このランキングで1位になったのはパロット。続いてDJIが2位の座につけている。そして1位、2位からかなり差をつけられて「ゴーストドローン」を製造している新興のEHangが3位、4位はクリス・アンダーソン氏率いる3Dロボティクスだ。パロットの製品にいかに「華」があるのか、ランキングがよく示している。

資金や技術でなく、「鳥」を語る企業

カリフォルニアで3Dロボティクスのスタッフにインタビューした際には、最新のテクノロジーや、ドローンが切り開く未来社会などが話題の中心だった。

深圳のDJIを取材した際には、ここ数年で売り上げや事業規模が何十倍になったとか、莫大な資金を調達する計画のことなど、お金の話がたくさん耳に入ってきた。

これに対し、パロットのセドゥ氏がいちばん熱心に語っていたのは、「鳥」についてだった。3社のトップ3人にお会いし、もし僕がドローン業界のベストドレッサー賞を与える立場だったら、白いシャツのカフスを濃紺のセーターから長めに出して着こなしていたパロットのセドゥ氏に渡すだろう。パロットの強みは、技術やお金ではどうにもならない「華」があることだ。

企業・国によって話している内容が、こんなに違うものかと思うのと同時に、ドローンの多様性を感じた時間でもあった。今日、スマートフォンで株を買う人もいれば、ゲームをする人や友人とのコミュニケーションに熱をあげる人までさまざまいるよう

に、すでにドローンは多様な可能性を提案している。それは、未来の市場の大きさを意味してもいる。

ドローンに対する考え方、開発の原点は、三者三様である。フランスのパロットは、デザインの美しさと、新しいおもちゃとしての楽しさを追求している。一方、中国のＤＪＩは、デザインでは劣るかもしれないが（ご本人たちはそう思っていないだろうが）、コストパフォーマンスと開発スピードは圧倒的で、その勢いは市場を席巻している。そして、カリフォルニア生まれの３Ｄロボティクスは、オープンソース化によって多くの人の意見を集めながらドローンを作り、その「箱」よりも仕組みを追求しようとしている。

世界3大メーカーには、それぞれ強烈な個性がある。ではその狭間で、日本のドローン関連産業はどのように動くべきか。次章では、それについて考えてみたい。

第3章

ドローンと日本

日本における ドローン法制の整備

ドローン落下事件などを受けて法整備が進む

２０１５年４月、首相官邸にドローンが落下する事件が起きた当時、日本にはドローンを規制する法律が存在していなかった。そのため、この事件の被告は、ドローンを発見した官邸職員らの業務を妨害したとして、「威力業務妨害罪」などで起訴された。また、２０１５年５月、三社祭でドローンを飛ばすと予告した少年が逮捕された際にも、威力業務妨害の容疑であった。どちらも、法律が現実に追いついていなかったため、やや無理な罪名が当てはめられている感がある。

こうした中、地方自治体はいち早く規制に動いた。例えば東京都は、公的な場所でドローンを飛ばして落下した場合、周囲の人々がケガをする危険があるとして、119カ所ある都立公園・庭園などでドローンの持ち込み・飛行を禁止。他の自治体でも、同様の規制を行ったところがある。

また、2016年に「伊勢志摩サミット」が開かれる予定の三重県では、会場となる志摩市賢島などの上空でドローンの飛行を禁止する条例案が県議会で可決された。

そして、ドローンの飛行ルールなどを定めた「改正航空法」が、2015年12月10日に施行された。重さが200グラム以上のドローンは、空港やヘリポート等の周辺、人口集中地区の上空では許可なしでの飛行を禁止。また、これらに当てはまらない地域でも、地表または水面から150メートル以上の空域については、許可なしでの飛行が禁止された。

さらに、飛行は日の出から日没までの時間帯に限ること、肉眼で見える範囲で常時監視して飛行させること、お祭りなど多数の人が集まる催しの上空では飛行させないこと、危険物を輸送しないこと、などのルールも定められている。

このような規制や法整備は世界的な動きだ。アメリカでは、250グラム以上、25キログラム未満のドローンを保有する者は、2016年2月19日までに政府に登録することが義務づけられた。登録料は5ドル（約600円）で、登録が完了すると証明書が発行され、ドローンに登録番号を貼りつけることが求められている。そして登録を怠れば、罰金が科されることになる。

一見、厳しいように思うかもしれないが、自動車が発売された100年前には免許も登録の必要もなかったことを考えれば、正しい方向に向かっているのは確かだ。無登録・無免許が当たり前だった自動車の歴史の始まりは恐ろしい話だと思うかもしれないが、かつては飛行機も登録や免許が不要だった。

だが、今は100年前とは違う。何よりもそれはスピードだ。このように世界中で法整備が急速に進めば進むほど、産業そのものは加速度的にスピードアップするのは、歴史の教えでもある。

将来は免許制導入の可能性も

こうした規制は、今後もさらに強化される可能性が高い。いずれは、原子力発電所などの重要施設上空でも飛行が禁止されそうだ。そして、このような法整備が整ったことで、今までドローンに対して懐疑的で保守的だった大企業が、突如参入してくる可能性は否めない。今なら、まだ圧倒的にドローン業界はベンチャーが優位に立てるが、それはここ数年だけの話なのかもしれない。

また、犯罪を抑制するために、今後は操縦者の免許取得や、機体の登録が義務づけられる可能性も十分にあるだろう。すでにアメリカ、イギリス、フランスなどでは、ドローンの操縦免許制度が導入されている。また、サイズが大きくて運搬能力の高いドローンは、テロなどに悪用される危険性もあり、落下時の被害も懸念される。そこで、機体の重量・サイズに制限が加えられることも考えられるだろう。例えばアメリカでは、すでに飛ばせるドローンの重さの上限が25キログラムに制限されている。

プライバシーや肖像権の保護も、ドローン規制の大きな課題となっている。ドローンのカメラを使えば、住宅や公共施設などの盗撮も可能だ。また、撮影された動画や画像をインターネットで公開することも容易になっている。こうした行為に歯止めをかける規制も、今後は検討されるはずだ。

かつて、インターネットにおける規制が実際の普及に追いつかないこともあり、名誉毀損をはじめとする諸問題が次々と発生し、今も追いついていない上に、このまま追いつくことはないようにも思われる。新しいテクノロジーは常に同じ運命にあり、また常に抜け道もある。

例えば、「改正航空法」によれば、２００グラム未満のドローンであれば、大きな問題とはならないことになる。これは、最近いくつか問題となったドローンで、最も軽量のタイプが４００グラムであることから、その半分程度ならおもちゃの域を出ないと考えられているのかもしれないし、また２００グラム程度なら落下しても危険が少ない、と考えての現実的な決定だったのかもしれない。

だが、それらは「今」の話だ。前述したように、ドローン業界は「ダブルドッグイヤー」である。１年前の４００グラムのドローンと同じ性能の機体を２００グラム未満で自作するのはそれほど大変なことではなく、そうする人たちが今後は続々と増えるだろう。なぜなら、僕もそのひとりだからだ。

ドローン特区は日本で実現するのか？

ドローンに関する実証実験が盛んに

ドローンへの規制は日々整備されている。一方で、ドローン産業を育てようとする試みも盛んになってきた。米国や産業界からの圧力もあるのだろう。

例えば安倍政権は、「ロボット革命実現会議」を設置し、ドローンを含めたロボット産業の強化を目指している。また、２０１５年11月には、ドローンを使った荷物配送を早ければ3年以内に可能とすることを目指すと発表。規制緩和を進めることで、ドローン業界への投資を後押しするつもりのようだ。続いて前述したように12月15日には、国家戦略特区として千葉市をドローン特区と定め、ドローン配送を3年後に実用化する意向を発表し、米国アマゾンも早々に日本でサービスを開始する意向を示している。このような速度を見ても、ドローンが「ダブルドッグイヤー」と言われるのが理解できる。

地方レベルでも、さまざまな取り組みが進んでいる。例えば、２０１５年9月には香川県観音寺市で、香川大学や民間企業が参加した実験が行われた。これは、ドローンを使って大気中の成分を分析し、有毒ガスの発生を検知したり、土壌中の水蒸気量を測って土砂災害の状況を把握したりするなど、災害時にドローンを役立てようとするものだ。こうした産官学を巻き込んだ実験は、今後も進められていくだろう。

沖縄・下地島は「ドローン特区」になる？

　さまざまな取り組みの中で、とりわけ熱い注目を集めているのが、沖縄県宮古島市にある下地島だ。

　下地島は宮古島の西にある伊良部島の西側に隣接する、面積10平方キロメートル弱の小さな島だ。２０１５年１月の伊良部大橋の完成で、伊良部島を経由して宮古島とも陸路でつながっている。航空ファンには以前からよく知られた存在だ。なぜならここには３０００メートル級の滑走路があり、ジャンボ機を含めた航空機のパイロット訓練場として使われていたからだ。

　ところが、コンピュータを活用したフライトシミュレーターが進歩したことで、状況は変わった。わざわざ本物の飛行場を使わなくとも、効率的な訓練ができるようになったのである。そのため２０１１年には日本航空が、２０１４年には全日本空輸が下地島飛行場での訓練を取りやめた。現在では、海上保安庁などが細々と訓練をしている程度の状態だ。

伊良部大橋には、約３８０億円の事業費がかかったといわれる。しかし、その先にある下地島空港はほとんど使われていないため、伊良部大橋の有効活用や、下地島・伊良部島の地域活性化などを目指して、この地区を「ドローン特区」にしようとする計画が持ち上がっている。

安倍政権が進めている「アベノミクス」には、「第三の矢」と呼ばれる成長戦略が含まれている。この一環として用意されているのが、地域を限定した規制緩和である「国家戦略特区」だ。沖縄県はこの制度を利用し、下地島周辺をドローン操縦者の養成エリアにしようというのである。現状では、空港近くでドローンを飛ばすことが禁じられている。だが、下地島がドローン特区として認められれば、広大な滑走路を使ってドローンの飛行訓練を行うことができるだろう。いずれドローンの免許制度が敷かれたら、下地島が「免許更新センター」になり、多くのドローンユーザーが集まる場所になるかもしれない。

一方、秋田県にもドローン特区の動きがある。しかし、本書「おわりに」で詳細を書くが、ドローンの実験は、ＧＰＳの点からもバッテリーの観点からも、「南」のほうが望ましい。もしその理解があれば、広大な空間があるからといって寒い地方にドローン特区を作っても、うまくいかないことがわかるはずだ。それは、「補助金ハンター」の餌食になる場所にすぎない。

DJIのドローンは「準日本機」

日本製の部品が各社のドローンを支えている

日本でも、ドローンの活用に向けた取り組みは着々と進んでいる。さまざまな規制が整備され、ドローン産業を盛り上げようとする試みも始まった。では、肝心の国内メーカーはどうなのか。現在のドローン業界は、中国（ＤＪＩ）、アメリカ（３Ｄロボティクス）、フランス（パロット）に占められているが、そこに日本企業が割り込む可能性はないのだろうか。

ここで指摘しておきたいことがある。世界3大ドローンメーカーが採用している部品の中には、日本製のものが非常に多いという事実だ。DJIの開発担当者は、僕に「Phantomは『準日本機』だよ」とはっきり言い切っていたほどで、ドローンの内部にあるカメラやセンサーなどの主要部品は、日本製のものがあまりにも多い。また、多くのドローンに搭載されているGoProも、撮像部や画像処理エンジンはソニー製だ。その気になれば日本メーカーが、独自のドローンを作ることは十分に可能なはずである。

事実、国内メーカーの雄であるソニーは、ドローン事業への新規参入を目指している。2015年8月、ソニー子会社のソニーモバイルコミュニケーションズは、ロボット開発ベンチャーのZMPとの共同出資で新会社「エアロセンス」を設立。クアッドコプターと飛行機型の試作ドローンを公開し、2016年には事業化にこぎつけたいと表明した。ソニーはあのペットロボット「AIBO」を作った企業。ドローンの世界でも、世界をあっと言わせる新製品を開発する可能性はあるのだろうか?

正直、僕の見方は悲観的だ。今のままではベンチャーに少し協力した程度にすぎず、デジタルイメージングの部署が、大ヒットシリーズの高品質カメラシリーズ「α」の名を冠したドローンでもリリースすればもう少し事態は好転するだろうが、おそらく時はすでに遅いだろう。このままではソニーの挑戦は、失敗に終わる危険性が高い。今後リリースするドローン製品は、さらに先を見越して開発する必要がある。

プロデュース能力を失ったソニー

昔のソニーは、誰もが認める世界ナンバーワンのものづくり企業だった。携帯型カセットプレーヤー「ウォークマン」、パソコン「VAIO」、ビデオカメラ「サイバーショット」などの製品群が世界を席巻していたことは、僕が指摘するまでもないだろう。

ところが、現在のソニーにおける事業の柱は、ソニー生命保険、ソニー・コンピュータエンタテインメント、そしてカメラを扱うデジタルイメージング部門の3本となっている。音楽プレーヤーの分野ではアップルに押され、パーソナル・コンピュータやテレビといった事業は売却・分社化によって縮小する一方。唯一ソニーらしいものづくりの雰囲気を残している分野が、携帯端末やビデオカメラ、そしてドローン用のデジタルカメラにも使われているイメージセンサーなのだ。

3Dロボティクスのドローンにも、日本製部品がたくさん採用されている。そのためか、クリス・アンダーソンは僕にこう尋ねてきた。

「なぜ日本には、ドローンメーカーがないのか？」

僕の答えは、「挑戦を拒む保守性」と「プロデュース能力の欠如」だった。そして、マーケットを理解できていないので、マーケティング能力も残念ながら大変低いと感じる。確かに、日本には技術的に優れている分野もまだまだある。だが、それをバランス良く集め、ひとつの製品にまとめてユーザーに伝える能力が圧倒的に欠けているのだ。

また、最先端の技術を素早く製品化し、他社に先駆けて市場に送り出すスピード感もない。そのため、コンセプトを打ち出すのが上手な3Dロボティクスや、圧倒的な開発速度を誇るDJIに水をあけられてしまっているどころか、現状、何も生んでいない。今はまだ多くのパーツを供給できているが、それが時間とともに縮小していることも、多くの人は理解している。それでも新しい可能性に挑戦する企業はほとんど見受けられない。

「国産ドローン」は実現不可能な目標なのか？

スマホ業界と同様に、日本製ドローンのシェア拡大は難題

今、世界のスマートフォン市場はどうなっているか、ご存知だろうか？

２０１５年９月末のデータを見ると、トップを走っているのは今なおサムスン電子で、シェアは25％程度。２位はアップルで、14％弱のシェアを獲得している。そして、

3位に浮上してきたのが中国のファーウェイ・テクノロジーズで、シェアは8％強だ。今後、同社はさらにシェアを拡大する公算が大きい。一方、ソニー・モバイルコミュニケーションズなどの日本メーカーは、ベスト5入りもできていない。

また、注目すべきは「小米《シャオミ》」だ。２０１５年の売り上げランキングでトップ５に入るこの企業は、創業からまだ5年少ししかたっていない。中国人の誰もが「世界は5年ですべて変わる」と思っているのは、このような企業が中国で次々に登場しているからである。もし、この「小米」が、本気でドローンを開発したらどうなるだろうか？　5年で世界が変わるのは言うまでもない。

デバイスだけでなく、このモバイル向けＯＳの世界でも、日本は蚊帳の外だ。市場の8割以上はアンドロイドのもので、残りはアップルのｉＯＳに押さえられている。

残念だが、ドローン業界でも同じことが起こりそうだ。日本メーカーがどんなに努力しても、ＤＪＩ、３Ｄロボティクス、パロットの3強にこれから割り込むことはかなり難しい。実は日本を代表するいくつかの家電メーカーやカメラメーカーがドローンを開発中だが、おそらく発表時にはすでに古いものになっていると思われる。

なぜなら、ビジョンとスピードがないからだ。とりわけ、すさまじい勢いで伸びている広東チャイニーズ・シリコンバレーの様子を見ると、ＤＪＩ、そしてそこに続く中国の新興ドローン企業に対抗することは厳しいと思われる。だから、日本企業は中国の新興ドローン企業と協業することが早々に望まれるが、そのようなアイデアすら乏しいのが現実だ。ドローンはフライトリスクも伴う製品で、その上中国企業と協業などという、二重のリスクを取れる日本人エグゼクティブがいるとは残念ながら思えない。

すなわち日本のドローンの問題は、技術力や企画力、総合プロデュース力の問題以前に、経営者の判断によるところが大きいのだ。

米中には、技術者を生み出す素地がある

そして日本のドローン作りに希望を持てない理由のもうひとつは、次世代を担う技術者がなかなか育っていない点にある。

すでに述べたように、広東チャイニーズ・シリコンバレーを支えているのは香港科

技大学だ。同大学にはロボティクス関連の学科が設置されていて、毎年、優秀な人材をドローン業界に送り込んでいる。

また、海外から中国に戻るエンジニアも多い。

2013年から2014年にかけて、トヨタはレクサスブランドのCMを公開。たくさんの小型ドローンが、夜の博物館を飛び回るという映像作品で、世界中から高い評価を得た。ネットでも話題になったので、映像を見た人は多いと思う。このCMで使われているドローンは、アメリカの「KMel Robotics」製だった。ここで働いていたエンジニアの多くは中国人で、僕自身彼らと会って、仕事を頼んだこともある。

ところが同社は、アメリカの大手半導体メーカーであるクアルコムに買収された。その前後に、中国人エンジニアは母国に戻り、DJIや新興企業などのドローンメーカーに就職、もしくは起業するに至った。結果、中国メーカーのパワーは、米国を経由して（間接的には日本の広告費のおかげもあって）さらに強化されたというわけだ。広東にいる技術者は、間違いなく米国シリコンバレーのファーストフォロワーである。

一方、アメリカの場合は、軍事技術領域からの人材流入が期待できるのが特徴だ。ご存知の通り、アメリカは世界中に軍隊を派遣し、戦争を行っている。ストックホルム国際平和研究所によれば、２０１４年のアメリカの軍事費は６１００億ドル（約73兆２０００億円）。中国の２１６０億ドル（約25兆９２００億円）、ロシアの８４５億ドル（約10兆１４００億円）をはるかに上回っている。日本における一般会計の予算総額（２０１５年度で約96兆３４２０億円）の４分の３に匹敵する規模だ。

これだけ巨額な予算をかけているため、アメリカの軍事部門ではさまざまな技術革新が起きる。アメリカ軍は１９８０年代からドローンの開発を行っているので、この部門には分厚い技術を蓄積しているのだ。ただ、このところ予算面での締めつけが厳しくなり、技術者に対して十分な退職金を支払う余裕がなくなっているといわれる。そこで、「退職金代わりに技術を持たせる」ことが増えているという。今後は、軍で培われた技術が、民間企業で役立つケースが増えるかもしれない。

このような「軍事→民間」という流れは、決して珍しいものではない。例えば、ベトナム戦争が行われていた１９６０年代初頭から１９７０年代半ばまで、アメリカ軍では傷病兵を治療するため、多数の衛生兵を確保していた。戦争が終わり、彼らがアメリカ本土に戻った際に、一部はハリウッドで特殊メイクに携わったという。その結果、アメリカのゾンビ映画は飛躍的な進歩を遂げた。

また、１９８０年代のレーガン政権下では、人工衛星を使って敵国のミサイルを撃墜する「スターウォーズ計画（戦略防衛構想）」が進められていた。

数年たって計画が頓挫し、リストラされた技術者たちは、やはりハリウッドに向かった。そして、彼らの多くがコンピュータ・グラフィックスを手がけるようになった結果、『ターミネーター』『ジュラシック・パーク』などのＳＦＸ映画の傑作が生まれたのだった。

ロボティクス研究への投資額が少なすぎる現実

日本の大学の中にも、ロボティクス関連の学科を設けるところが増えてきた。現在のところ、立命館大学、金沢工業大学など数校に、ロボティクス学科が設置されている。しかし、中国に比べると各研究機関の規模がまだまだ小さい上に、勢いがない。

また、ドローン関連の研究が行われているところは、さらに少数だ。

先日、IT企業に勤める友人と、中国を回る機会を得た。各地の研究所でドローンや、自動車の自動運転システムなどを見学するうちに、友人の顔はみるみる曇っていったのだ。日本と中国では、規模もスピード感もまるで違う。その差があまりに大きいことに、彼は落胆していたのだ。

日本と中国の差はなぜここまでついたのか。そして、なぜそれを理解する人が少ないのか。最も重要な要素は、研究投資の額だろう。中国は香港科技大学なども設立して、国を挙げてドローン・ロボティクス分野に力を入れている。

一方の日本では、あまりに投資額が少ない。ケタがひとつ、あるいはふたつも違っているのではないだろうか。そして、そのお金の出どころも違う。日本は補助金が中心なのに対し、中国では事業資金、すなわち国家が投資する。この違いは実に大きく、開発の念頭にあるのが、補助金申請通りであれば問題ないのか、最終的な製品が市場で評価されることを目指すのか、まったく両者の立ち位置が異なっている。このままでは日中の差はさらに開くばかりだろう。

ハリウッド映画の撮影標準機になりつつある Freefly の最新鋭機 ALTA。
飛行中に１～２基のモーターが止まっても、墜落しないほどの高い飛行性能を持つ

ALTA は 10 キログラムにおよぶ巨大カメラが積載可能なのにもかかわらず、
折りたたむと小さくなり、可搬性能にも優れている（著者私物）

他国に比べて低い日本の労働効率

もうひとつのポイントは、労働効率の差だ。

僕は最近、日本とヨーロッパの働き方について研究をしている。ヨーロッパの友人の働きぶりを見て、日本のビジネスパーソンとまったく違うと思い知らされたからだ。

2015年の夏も、スペイン人やイタリア人の友人が日本を訪ねてきた。日本人の友人も交えて、僕らは宮古島で食事をすることになった。日本人のひとりが「今年の夏休みは、有給休暇1日と土日の合計3日間だけ」と言ったとき、外国人ゲストの全員がものすごく驚いていたのを覚えている。彼らは僕の通訳が間違っているのだと思ったらしく、何度も聞き直してきたほどだ。

一方、イタリア人の会社では、1カ月の休みが与えられているそうだ。しかも、旅行先から会社のサーバーにログインし、メールを確認すると、その分だけ休暇が延びるのだという。そう通訳したところ、今度は日本人の友人が腰を抜かさんばかりに驚いていた。ちなみに、このようなことはイタリアやスペインのような南欧企業に限らず、欧州一の働き者と呼ばれるドイツ企業も同じだ。

　そして、その休みの間にアイデアを醸成し、時にはビーチで心ゆくまで試作品のドローンを飛ばしている。欧州やカリフォルニアのエンジニアに「よくある」ライフスタイルだ。


　スペインやイタリアと聞くと、「のんびりと働いている人が多い」とイメージする人が多いだろう。それは、ある程度事実だ。僕がスペインに引っ越したのは2009年のこと。そこで知った彼らのライフスタイルは、なかなか衝撃的なものだった。

　スペイン人の出社時間は、日本と同じ朝9時。ところが、彼らは出社してすぐに、全員でカフェに行き、朝ご飯を食べる。昨夜のサッカーの話などをしながら食事を平らげると、もう10時だ。そこでようやく、2時間ほど働く。そして12時過ぎになると昼食を食べ、さらに自宅に戻ってシエスタ（昼寝）だ。16時半になってようやく会社に戻り、18時半まで2時間働いてから退社する。実質的な労働時間は一日に4時間ほど。しかも、月曜日の午前と金曜日の午後はほとんど仕事をしていない。平均的な日本人に比べると、労働時間は圧倒的に短いのだ。

ところが、日本とスペイン、イタリアの1人あたりGDPはあまり変わりがない。IMFが公表している「ワールド・エコノミック・アウトルック・データベース（2015年版）」によると、2014年における日本の1人あたり名目GDPは、3万6222ドルだった。一方、イタリアは3万5335ドル、スペインは3万2272ドルだった。日本人は長時間働いているのに、稼ぎはイタリア、スペインと大差ないというわけだ。それを示しているのが、OECDが発表している「労働生産性」の調査結果。就業1時間あたりで見た日本の労働生産性は、OECD加盟34カ国中20位の41・3ドル。これに対し、スペインは14位の52・1ドル、イタリアは17位の48・5ドルだった。簡単に言えば、日本人は安い時給で長時間労働しているというのである。

なぜ、日本人の労働生産性は低いのだろうか。まだ研究の途中ではあるが、僕は最大の原因が「無責任組織」にあると見ている。

日本企業では、頻繁に会議を開いている。多くの人は、労働時間の数分の1を会議に費やしているだろう。ところが、実のある話し合いが行われることはめったにない。ダラダラ話し合ったあげく結論は先延ばし、ということに終わった経験は、多くのビジネスパーソンが日々直面していることだろう。

　日本では責任の所在があまりにあやふやだ。例えば、新国立競技場の建設問題でも、国が数十億円の損失を出しても、誰もが納得できるような責任を取らない。そんな風土だから、会議の場でも、リーダーシップを発揮して場を引っ張る人が現れづらいのだ。また、個人の裁量も小さすぎる。会議で結論を出そうとしても、上司や他の部署の担当者、さらに経営陣の許可を得なければ何も決められない。だから、結論が出るまでに時間がかかりすぎるのである。

　その上、ドローンの開発やアイデアは、会議室では絶対に生まれない。遊び同然の広大な土地で常に生まれる。だから、都市部ではない場所にいる時間が長ければ長いほど、新しいドローンは生まれやすい。よって、エンジニアなどに時間と空間をたっぷりと与える必要がある。これがドローンがＩＴと違う最も大きなポイントだと僕は思っている。

　３ＤロボティクスやＤＪＩでは、「責任のたらい回し」のようなことは起きない。現場の若いスタッフにも、大きな権限が与えられている。その上、広大な土地がある。だから開発がスピーディに進み、市場のニーズを素早く捉えた製品を生み出せるのだ。

今の日本企業には、世界のドローン市場を引っ張る力は残念ながらない。では、どのようにすれば、自らの地位を有利にできるのだろうか。次章では、その方法について考えてみよう。

第4章

ドローンの未来

ドローン革命の日まで、あと5年？

世界中の才能を集めつつあるドローン業界

３年ほど前まで、最も優秀な中国人エンジニアはグーグルのような大企業、もしくはネット系ベンチャーを目指していた。いずれにせよ、サンフランシスコのシリコンバレーが、彼らにとって活躍の場だった。ところが、現在は潮目が完全に変わっている。彼らは続々と中国に戻り、北京や上海で起業するか、広東チャイニーズ・シリコンバレーである深圳に集結。その中でさらに優秀な人々がＤＪＩに入り、次世代のドローン開発に打ち込んでいる。

一方、アメリカ人エンジニアの中にも、３Ｄロボティクスなどのドローン産業を目指す人が増えている。また、ヨーロッパのドローン・エンジニアはパロットに集結中。各社とも数十万ドルクラスの高収入を提示し、優秀な人材を確保しようと躍起になっている上、パロットは欧州のドローン関連企業に買収・出資を多く行っている。ちなみに、ＤＪＩ北米の社長だったコリン・グイン氏は、現在は３Ｄロボティクスにいる。

優秀な人材がドローン業界に集まっている理由は、もちろん、この業界に大きな未来があるからだ。40年前、スティーブ・ジョブズやビル・ゲイツらはコンピュータ業界に集まり、新たな巨大産業を築いた。20年前の天才たちは、ＩＴ・インターネット業界を目指した。逆に言えば、優秀な人材を集めつつあるドローン業界は、今後の成功が約束されているのかもしれない。

ドローンが日常に溶け込む日が、あと数年でやってくる

スマートフォンの世界出荷台数は、iPhoneが登場した翌年の2008年に1億台を突破。6年後の2013年には、10億台を超えた。だが、ドローンがスマートフォンと同じペースで普及する可能性は低い。

スマートフォンが登場した頃には、すでに携帯電話が普及していた。いわば、携帯電話が地ならししていた市場にスマートフォンは乗り込んでいったわけだ。しかも、スマートフォンには規制が一切なされていなかった。それで、これだけ短期間で広がることができたのだ。

ドローンのメイン市場はパーソナルユースではない。エンタープライズと呼ばれる商用用途にこそ大きな伸びが期待できる。だから、自動車マーケットの初期に近いものになるように思う。自動車産業黎明期は、自動車はとても個人で買えるものではなく、企業が馬車に置き換える可能性をにらんで導入していたのと、大富豪が趣味で購

入していた程度だった。

今後数年間のドローン市場は、これにあたる。ただし、安価なドローンが多く発売されていることから、インターネットの延長線上にないドローンは個人ホビー市場に、そしてインターネットの延長線上にあるドローンはエンタープライズ市場にと、すみ分けることが予想される。これは、パーソナル・コンピュータとサーバーの関係にも似ている。

ドローンに対する規制はどんどん厳しくなっている。現在、先進国を中心に、人口密集地などでの飛行を制限する法律が続々と成立。そのため、ドローンが今すぐ僕らの頭上を飛び回る、ということはないだろう。ただし、日本でいう「ドローン特区」のように、実験地域として規制緩和が進められる地域は、世界的に徐々に拡大していくと思われる。

また、アメリカでは規制で13歳未満は操縦できないが、250グラム未満の製品はあらゆる規定外となるので、今後は超軽量高性能ドローンが登場することになると僕は予測する。このゾーンがいわゆる「グレー」であり、直近のお楽しみとなるだろう。

その鍵は、機体1機分の重さではない。実は「フォーメーション（編隊）飛行」にある。それは、インターネットと同じように分散技術とネットワーク技術が鍵になることを意味する。1機200グラム未満のドローンでも、何機も集まってフォーメーションを組むことによって合法的に重いものを運べることになるのだ。

そう考えれば、世界のどこかの反社会組織が、私設ドローン・アーミー（もしくは私設ドローン・エアフォース）を名乗って、1万機のフォーメーションされたドローン軍団を作ってもおかしくない。

なにしろ1機のコストはせいぜい2万円ほどで、1万機のドローン軍団のコストは2億円程度しかかからないからだ。1機につき、運べる重さは100グラムまででも、フォーメーションを組めばそれは無限になり、大きな火器まで輸送することができるようになる。

また、未登録の「白ドローン」も裏で販売されるようになるだろうし、違法行為を前提に改造を行う業者もはびこることになる。ドローンをドローンで捕獲したり、誤誘導する「海賊ドローン」や、受取人のなりすましによる「ドローン詐欺」も登場することになるだろう。もちろん、これらはすべて違法である。

ドローンを使った犯罪も著しく増えることになる。すでに現在、米国とメキシコの国境には数多くのドローンが飛び交っている。それは麻薬のコカインを密輸するためのもので、時には積載オーバーで墜落するのを国境付近で目撃するほどになっている。このようなドローンは高速高機能なので、「網」で捕獲できるようなものではない。今後も世界中で「空の運び屋」は増加するだろう。

T型フォードが登場した１００年前、自動車は物珍しい存在だった。自動車を１台見ただけで、人々は大騒ぎしたはずだ。ところが今の僕らにとって、自動車は実にありふれた存在だ。ドローンもいずれはそうなるだろう。そしてそこには、新しい社会の光と影があるのも確かだ。

それまで、どのくらいの期間が必要だろうか？　僕は最短であと3年、長くても10年だと考えている。おそらくこの10年以内には、犯罪や違法行為に関わる話題が増える一方で、ドローンを使った犯罪者確保や人命救助の記事も、次々とニュースの見出しを飾るだろう。

話題の「モノのインターネット」とは？

本書をお読みの方は、「モノのインターネット」という言葉を聞いたことがあるだろうか？

ＩｏＴ（Internet of Thingsの略）などとも呼ばれ、このところ話題になっているキーワードだ。簡単に言えば、世の中にあるさまざまなモノがインターネットに接続され、活用されることを意味する。言葉が陳腐なので、Ｗｅｂ２・０同様、すぐに廃れると個人的には思っているが、この概念は今後重要になる。すなわち、本書で何度も述べているように、インターネットの延長線上にある、「新しい現実世界」の話だからだ。

この「ＩｏＴ」＝「モノのインターネット」の代表的な成功事例としてよく紹介されるのが、建設機械メーカー・コマツの取り組みだ。同社は10年あまり前から、自社製のショベルカーやブルドーザーにＧＰＳやセンサーなどを組み入れ、インターネット経由で管理する仕組みを整えている。建設機械が世界各地でどのくらい稼働しているか、各部品はどの程度劣化しているか把握することで、機械が故障する前に部品を交換して稼働効率を高めようという狙いだ。以前はバラバラに管理・運用していた建設機械をインターネットにつなげたことで、より有効活用できるようになった。

　モノのインターネットは、僕らの暮らしにも導入されつつある。例えば、テレビやエアコン、冷蔵庫といった家電製品をインターネットに接続し、外出先から番組予約をしたり、帰宅時間に合わせて室温を調整したりするのはその一例だ。

　僕がもう25年前から唱えているように、家庭での生活の中心となる冷蔵庫にＩＰアドレスを割り当て、中の食品の状態管理から不足している食品の発注までするようなことも、「ＩｏＴ」＝「モノのインターネット」と言えるだろう。また、アップルウオッチのようなウェアラブル端末を通じて心拍数などを管理し、いち早く体調の変化を管理するなどの取り組みも少しずつ浸透しつつあり、これらも広義の「ＩｏＴ」に含まれるが、現在注目されているのは、工場や現場の生産管理の効率化を目指すものがほとんどだ。そうしたエンタープライズに続いて、「ＩｏＴ」＝「モノのインターネット」化は、家庭に浸透していくと思われる。

　どちらにしろ、モノのインターネット化は、現在のホットトピックスだ。そして、その次に来るのは、「インターネットのモノ化」だと、僕はにらんでいる。

次は、インターネットがモノの世界に広がる

ここで、「インターネットのモノ化」について説明しよう。

この10年ほどで、たくさんのモノがデジタル化され、インターネット経由で流通するようになった。例えば、レコードあるいはCDで聴いていた音楽はデータ化され、iTunesで配信されているし、本も電子書籍として流通するようになった。

それまでリアルな場で行われていたコミュニケーションも、インターネットの世界に移りつつある。例えば、アメリカなどではインターネットを使った診察サービスが登場。病院に行かなくとも、医師の診察を受けることが可能になりつつあるのだ。

ただし、世の中にはデジタル化できるものと、できないものとがある。音楽や書籍はデジタルにできても、僕らが口にしているコーヒーやお菓子はムリだ。また、インターネットで医師の診察を受けられても、薬をインターネットで送ってもらうことはできない。「ビット」と「アトム」の間には、深い溝があったのだ。

だが、ドローンが普及して21世紀の流通革命が起きると、こうした状況も変わるだ

ろう。僕らがメールで写真を送るように、いずれはドローンを使って気軽にモノを個人レベルで短時間でやりとりできる時代が来る。つまり、インターネットがモノの世界に拡大するというわけだ。庭できれいな花が咲いたら、友人にも知らせたくなるだろう。今まではスマートフォンで撮影して、メールなどで送っていたはずだ。ところが、近い将来はその花を摘み、愛する人にドローンで送ることができるようになる。人々のコミュニケーションや消費行動が大きく変わることは、誰でもイメージできるだろう。「新しいお裾分け」、つまりはリアルなモノのシェアが急増することになる。すなわち、ドローンがもたらす今後の社会変化は、今よく言われる「モノのインターネット化」ではなく、その逆の「インターネットのモノ化」という感覚でとらえられるだろう。

現在、写真やファイルを電子メールに添付するように、焼きたてのチーズケーキから庭先の花までを、ドローンに「添付する」未来がやってくるのだ。

現実世界のサーチエンジン。ドローンで変わるのはどんな業界か？

危険な場所での点検作業や農業などへの活用

ここまでに何度も解説してきた通り、ドローンの普及によって最も大きな変化が起きるのは流通業界だ。宅配便の「ラストワンマイル」が劇的に安くなることで、リアルなモノを送る手間が激減する。例えば、アマゾンはドローンを使った宅配サービス「アマゾン・プライム・エアー」の準備を進めているところだ。また、ドイツの運送会社であるＤＨＬは、ドローン配送プロジェクト「パーセルコプター」を開始したと発表している。

そして、変化するのは流通業界だけではない。例えば、クリス・アンダーソンは電子版だけで発売した著書『わが愛しのドローン』で、「ドローン活用方法実例集」として次の5つを挙げている。現段階で誰でもイメージしやすく、また、よく言われる一般的なドローンの使用例として、あえてここで取り上げたい。

（1）石油設備の点検
（2）警察の偵察
（3）空中撮影
（4）農作物のチェック
（5）野生生物の調査

（1）のような点検作業は、ドローンにとって得意中の得意だ。

石油掘削現場では、ノズルから可燃性のガスが発生して燃え上がることがある。そのため、ノズルの点検作業をするためには、すべての生産設備を機能停止させなければならないのだ。設備を止めると生産効率が大きく下がるため、以前は年に1回のペースで点検を行うのがやっとだった。ところが、ドローンを使ってノズルの破損を確認することができるようになり、業務効率は大きく改善されたようだ。

同じことは、橋や高層ビルのチェックにも活用できるだろう。高い場所にあり、作業者がかなりの危険を冒さなければ点検できなかった建造物も、ドローンなら問題なく調べることができる。

(2)については、カメラを使って犯罪者を自動的に追跡する活用法が考えられている。いわば、移動する防犯カメラというわけだ。ドローンは障害物に邪魔されることなく対象を追いかけられるので、犯罪者を見失う危険性が低いのが強みだ。

警備会社のセコムは、2015年6月からドローンを使った警備を開始している。不審な人物を見つけると追跡し、人相や車などを撮影するという。プライバシー保護などとの兼ね合いはあるが、犯罪防止には強い味方になるだろう。また、あえて逆を考えれば、ドローンを使ったストーカーも増えるということになる。テクノロジーには、常に光と影があることを忘れてはならない。

（３）について、クリス・アンダーソンの著書では、ＣＭやミュージックビデオの事例が取り上げられている。

実は僕の周りのカメラマンにも、ドローンカメラマンに転向した人が何人もいる。

今、カメラマンの業界は不景気だ。雑誌がどんどん休刊・廃刊になっている。その理由はインターネットの普及もあるが、カメラの性能が上がり、簡単な写真ならアマチュアである記者が撮影できるようになったことも大きい。そのため、プロフェッショナルによる撮影の仕事が減り、困っている人が増えているのが現実だ。

ある友人は、建造物のクォータービューをドローンで撮影することを専業にしている。クォータービューとは、建物の斜め上空から見たビューのことで、かつてはＲ《ロール》Ｐ《プレイング》Ｇ《ゲーム》などでも多用されていた「上から見た」構図である。このような構図は、今までそう簡単に撮ることができず、しかもヘリコプターの低空飛行にも限界があった。しかし、ドローンならヘリコプターより安価な上に、ほかとは違った建物の外観イメージを撮影できるとあって、建設会社などから仕事が続々と舞い込んでいる。

また、ファッションカメラマンだった別の友人は、業界の行く末を見限って、ソーラーパネルを専門に撮影するドローンカメラマンになった。どちらも、現時点ではドローンを使用しないカメラマンの何倍も収入があるのは、言うまでもない。なぜなら、競合が少なく、ノウハウがある先行者ならではのメリットがあるからだ。特に危険が伴う現場では、経験がものをいう。

（4）は、非常に大きな需要が期待されている分野だ。ドローンは、農薬散布や種まき、生育状態のチェックなどにすぐ役立つだろう。また、畑で収穫したばかりの野菜を一般家庭やレストランに運ぶことも考えられる。農地は人口密集地から離れていることが多く、飛行規制に引っかからない可能性が高いため、比較的早い時期にドローンの活用が進むかもしれない。ただし、日本では水田に限ると僕は見ている。

（5）は、広大な国立公園などで野生動物を見守ることなどが該当する。今後は、ドローンの飛行音が動物にとってストレスにならないか、鳥類と衝突する危険性はないかなどの課題をクリアすることが大切だ。

クリス・アンダーソンは、以上の5点をドローンの活用方法として自著で取り上げている。現在の自動車の用途があまりに多様であるように、ここに列挙された活用例はごく一部にすぎない。何より、ドライブ同様「飛ばす楽しみ」を求める人も多いだろう。もちろん、リアルなゲームとしてのドローンも欠かせない。スピードレースは、その際たるものだ。テレビゲームは、いよいよ画面を抜け出すことになる。

災害時の状況分析や、報道などにも有効活用できる

政府からの補助金確保のために喜ばれそうなトピックでもあるが、ドローンには災害時の活用も期待されている。

2014年8月、広島市で大規模な土砂災害が起きた。多くの行方不明者が出て、早い時期の救援が必要な状況だったが、二次災害の危険性が高かったために捜索活動は思い通りには進まなかった。こうした経験を受け、各地の警察や消防でドローン導入の検討が進んでいるといわれる。また、2015年6月に噴火した浅間山、箱根山では、ドローンが火口の撮影に成功して状況確認に役立てられた。

また、報道にドローンを使う可能性も模索されている。大きな事件や災害が起こると、放送局などが報道ヘリを飛ばすのはご存知の通り。しかし、多くのヘリコプター

が集まって救護活動の邪魔になったり、轟音が近くに住む住民の迷惑になったりするケースもある。そこで、報道ヘリの代わりにドローンを使ってはどうか、と提案する声が高まっているのも事実だ。

アメリカでは2015年1月、CNNがドローンを使った報道のテストを実施するために、米連邦航空局やジョージア工科大学と提携すると発表。また、ワシントン・ポストやニューヨーク・タイムズといった大手メディアも、同様の目的でバージニア工科大学と提携した。

さらに、ドローンを中心としたアプリケーションの開発が急速に進んでいる。その代表例が「Pix4D」シリーズだ。これは、スイスのPix4Dがリリースする画像解析ソフトウェアで、ドローンと組み合わせることで、山や街など今までスキャンすることができなかった大きなものをスキャンし、3Dモデル化できる画期的なアプリケーションである。コンピュータの普及に伴い、周辺機器やアプリケーションも、今後多様化していくことになるだろう。

かつて自動車の普及を予測できた人はそれなりの数がいたのだろうが、ガソリンスタンドの普及を考えていた人はどれくらいいただろうか？　そして、クール宅配便やピザの出前をモータライゼーションの未来として理解していた人たちが、どれくらいいただろう？

もし、20世紀が「石油の世紀」だとしたら、21世紀は「電気の世紀」になると言われている。そして、20世紀の「地上の開発」が地球上すべてで行われたら、21世紀は「空中の開発」が主に行われる世紀になるのではないだろうか？　いわば「空の産業革命」が、今、始まろうとしている。空のモータライゼーションが起きるのだ。そして、その波及効果は中心となるマシンだけでなく、アプリケーションやあらゆる環境に及び、かつての自動車やインターネットと同様に、この星に生きるすべての人々のライフスタイルを大きく変えることになるかもしれない。

ドローンがもたらす予想もつかない未来

クリス・アンダーソンは言い切った。「ドローンは箱にすぎない」

かつてT型フォードを生み出したヘンリー・フォードも、現代のクール宅配便やカーシェアまでは想像できなかったに違いない。僕や世の中の人々は、ドローンの使い道についてあれこれ意見を言っている。こうした予想のうち、いくつかは実現するだ

ろう。しかし、外れるものもあるだろうし、想像をはるかに上回る使い道が編み出される可能性もある。一方で、事件や犯罪も増えるだろう。グレーなサービスが巷を賑わすようになるかもしれない。

すでにサンフランシスコでは、「医療大麻」をドローンで届けるサービスが始まっている。そして、この医療大麻の受け取りを自宅ではなく、「一応安全面を考慮して」公共の公園で受け取り、支払いをクレジットカードではなく、ビットコインで行うことが始まっている。さて、この医療大麻のデリバリーは、本当に医療用なのだろうか？　それともロボット化された「空飛ぶ売人」なのだろうか？

かつて、インターネットを使い始めた時期にも、今振り返ると、的外れな青写真が提示されていた。当時は、「祖父母が離れた場所に住んでいる孫の顔を見るために、インターネットを使う」などの使い方が提案されていたものだ。今になってわかるが、現在そんな使い方だけをしている人は、まずいない。新しいテクノロジーが目の前に見えると、人々は恐る恐る近づき、「いい話」を作ろうと躍起になる。だからドローンも、「人助け」などのいい話がまずフロントを走っていくのだろうが、それはかつての「離れた孫の写真」にすぎない。

人間の想像力は、意外と乏しいものだ。今、予想されているドローンの活用法は、重力にとらわれた古い現実世界を生きる狭い発想の中で生まれてきたもの。今後、僕らがドローンを実際に使うようになれば、想像もしなかった利用法が出てくるものと思われる。

クリス・アンダーソンが言っているように、ドローンはただの「箱」にすぎない。その箱をどう使い、何を入れるか。ただ、その箱は、今までの箱とは圧倒的に違う。なぜなら、空を飛ぶからだ。どんなに高額なスマートフォンでも、空を飛ぶことはない。ドローンの可能性をひと言で言えば、「空を飛ぶ」ことに尽きる。そして、それが誰でも可能になるということだ。そこには光と影という意味で、無限の可能性が秘められている。

ドローンを支えるインフラの整備

ドローンの未来を輝かしいものにするには、インフラなどの環境整備も欠かせない。ドローンは、ＧＰＳによって自らの位置を測定している。しかし、ＧＰＳの精度は意外に低い。場合によっては、1メートル以上の誤差が出ることもある。仮にドローンを使って各家庭までの配送を行う場合、メートル単位の誤差があると、かなり大きな着陸用スペースを用意しなければならない。また、飛行中に障害物にぶつかる危険性も高まってしまう。

そこで検討されているのが、街中に携帯電話網があるように、ドローンをコントロールする赤外線などのセンサーを取りつけることだ。例えば、電柱やビルの外壁などにセンサーを設置し、そこから出る赤外線をドローンがキャッチすることで、位置情報の精度を高めようとするものだ。この方法だと、誤差は3センチメートル程度しか出ない。そうなれば、ドローンの着陸スペースはぐっと小さくてすむだろう。

ほかにも次世代のGPSと呼ばれるRTK（リアルタイム・キネマティクス）や、街のあらゆる場所にセンサーを埋め込むことによって、街そのものを立体システム化し、「ドローンの墜落しない街」をつくることもできる。だから、もし日本で「ドローン特区」を作るなら、広大な何もない土地ではなく、世界に先駆けて街中にセンサーを埋め込み、現状の2Dなロジスティクスを3Dロジスティクスにして、たとえ墜落しても問題ない小型のドローンが街中を飛び交う特区を作ることが望ましい。

また、充電施設の充実も必要だ。現在、ドローンの飛行可能時間は、最長で数十分程度。これでは実用には不十分だ。そこで着陸スペースに非接触型の充電システムを置き、ドローンが待機している間に充電できる仕組みが検討されている。どこからともなく飛んできたドローンが、共有カタパルトに着陸し、非接触充電してチャージ完了後、再び次のフライトへと飛んでいく。バッテリーの進化とともに、セルフ充電システムの可能性も検討しなければならない。

そして、これらのシステムインテグレーション（企業の情報システムの導入に際して、ユーザーの目的に応じた企画の提案からハードウェア、ソフトウェアの選定、システムの開発や構築、運用までのトータルなサービスを提供すること）が、日本の最大の商品になることを理解する必要がある。パーツは他国で生産されても構わない。だが、ドローンが飛び交う「３Ｄスマートタウン」システムの設計や構築は、ゼネコン大国日本の仕事で、そこでは世界をリードできる可能性があるのだ。

ＩＴ革命の次に来るのは「ドローン革命」

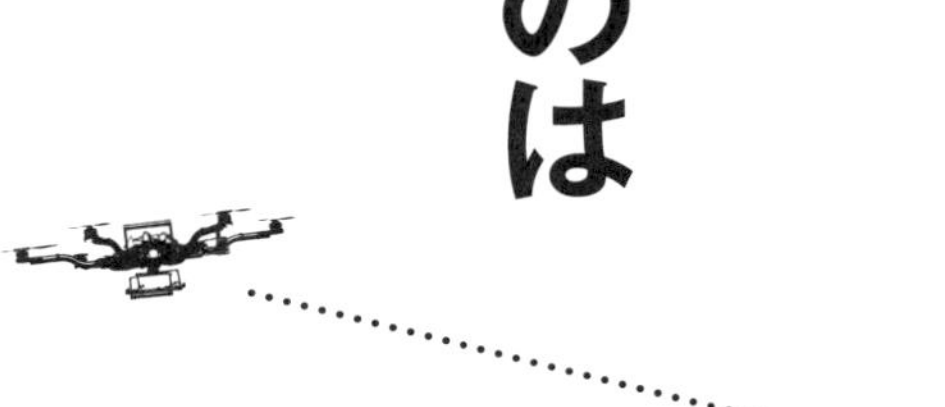

ドローンを制した国が覇権国家の地位につく

　これまで世界には、技術革新の波が何度か訪れている。２００年前に起きた産業革命をはじめ、自動車やコンピュータの登場、ＩＴ革命などが、世の中をガラリと変えてきた。

　そして次に来るのは、ドローンを中心としたロボティクス革命だ。自動運転の自動車からドローンまで、新しい「モバイル・ロボティクス」による移動革命の時代となる。

「空の産業革命」であるドローンはそのひとつで、今までになかった「重力への挑戦」だ。僕自身はその到来を信じて疑わない。また、クリス・アンダーソンをはじめとする世界的なＩＴ識者たちも同様に考えており、どうやら世界はそれに向かって静かに、しかしスピーディに進んでいる。

かつて産業革命を起こしたのはイギリスだった。また、自動車やコンピュータ、ＩＴ革命の中心地はアメリカだ。両国はその後しばらく、世界の覇権国家の地位を保った。すると、次の「モバイル・ロボティクス革命」を起こし、それをものにした国家が、今後長きにわたって覇権を握る国家となるのではないだろうか。

ここ数年、本書で取り上げたドローン産業に限らず、中国は勢力圏の拡大を強力に進めている。南沙諸島（スプラトリー諸島）の岩礁を埋め立てて人工島をつくり、周辺を領海だと主張している。ここから、衛星写真に写らない小型ドローンが１００万機飛び立っていく未来は、想像できなくない。四半世紀前、僕がディズニー・ワールドの人工ビーチで見たスーパーコンピュータの性能は、今のスマートフォンの性能に劣る。あらゆるマシンは小型化し、高性能になる。その大きさは、かつてはおもちゃと言われていた大きさで、そのうち目に見えないほどに小さくなっていくのだ。

アメリカと中国、それぞれの企業の強みと弱み

中国企業DJIの強みは、飛び抜けた資金力と広東チャイニーズ・シリコンバレーに支えられた開発力、そしてスピードにある。特にハードウェアの面で抜群に強い。ドローンはソフトウェアだけでは動かない。ハードウェアも常に改良しなければならない。

この点、アメリカの3Dロボティクスは不利に見える。開発担当者の数がそもそも少ないし、ものづくりをアジアやメキシコなどの国に頼り切っているため、ハードウェアの開発能力が低い。あくまでオープンソースの強みはソフトウェアであり、誰もが使える「既存のハードウェアパーツ」であることが大前提になっている。この点が弱点であり、総合力では劣るのだ。

もうひとつ、ＤＪＩが優位に立っているのが「独裁的企業」である点だ。３Ｄロボティクスは、開発力を補うためにオープンソース化を進めている。この方法は、社外の技術者から手助けしてもらえる代わりに、さまざまな決定がどうしても遅くなる。多くの関係者の意見を調整し、民主的なやり方で前に進まなくてはならないからだ。

一方のＤＪＩは、民主的とは言えない組織だ。汪滔氏などのトップ数人が、強力なリーダーシップで会社を引っ張っている。前述したように、ＤＪＩの本社中枢部は住所すら公開していない。情報が外部に漏れることを恐れているからだ。深圳からタクシーに乗っても、社内に知り合いがいない限り、現地にたどり着くこともできないだろう。それだけ秘密主義が徹底されているのだ。

民主主義的な経営には長所もある。しかし、スピード豊かな開発を実現する業界の黎明期には、独裁体制のほうが向いているのも事実だ。現在のドローン業界は、ものすごいスピード、「ダブルドッグイヤー」で変化し続けている。その先頭を走っているのは、独裁体制でクローズドなＤＪＩである。はたして、このまま逃げ切れるのだろうか？

ハードとソフトは本来ひとつのもの

Ｌｉｎｕｘから派生した、ドローンを動かすオープンソースを「ドローンコード」と呼ぶ。３Ｄロボティクスとパロットは、このドローンコードを使用して製品を開発した。

これに対し、ＤＪＩは独自のコードを開発し、自社製品に搭載している。これは、アンドロイドとｉＯＳの関係に似ている。アンドロイドは世界中に広く公開され、たくさんのスマートフォン、タブレット端末にインストールされている。一方、ｉＯＳはｉＰｈｏｎｅなどのアップル製品にしか搭載されていない。

アンドロイドは、ＯＳとハードウェアを分離し、普及させることに成功した。こうしたほうが、安く作れるし、広がりも期待できる。事実、アンドロイドは世界市場で大きなシェアを占めるのに成功した。だが、よりいいものを作ろうと思ったら、ハードウェアとソフトウェアを同時に開発するほうがいい。特にスマートフォンの黎明期は、ｉＰｈｏｎｅの独占市場だった。そして、それがゆっくりと変わっていくのである。

サーバー市場を見てみよう。今日、世界に点在するサーバーの70％は、オープンソースであるＬｉｎｕｘベースで構築されている。サーバーはその目的によって規模を含めた個別の設計が基本にあり、だから、そのつど異なるマシン群の異なるパーツを寄せ集めて作ることが前提になる。それによって、より柔軟性の高いオープンソースが求められ、結果的にＬｉｎｕｘベースのサーバーが市場を占めることになった。

この場合、ビジネスとしてもっとも成功しているのは、顧客のニーズに個別に合わせて設計およびインストール、管理を行うシステムインテグレーターだ。

一方、かつて１９９０年代半ばのアップルは、マッキントッシュの販売が不調で経営危機に陥っていた。当時は、赤字の元凶だったハードウェアの製造から手を引き、ＭacＯＳなどソフトウェアの開発・販売だけに集中してはどうか、という提案もあったという。だが、アップルはハードウェアを手放さなかった。なぜなら、ハードウェアとソフトウェアは一体だ、とわかっていたからだ。両方を一気に開発するほうが、結果的には優れたモノを生み出すことが可能になる。

ＤＪＩもアップルと同じ方針を貫いている。彼らはハードウェアとソフトウェアを並行して開発することで、さらなる高性能化を目指しているのだろう。なぜなら、ドローンには墜落というリスクが常につきまとうからだ。この点がパーソナル・コンピュータとは大きく違う点である。もし、オープンソースを使って、寄せ集めで作られた飛行機を使用するＬＣＣがあったらどうだろうか？　試みは確かに面白い。だが、現実的に集客できるかどうかはわからない。

だから、黎明期であるドローン業界では、現在のところＤＪＩが優位に立っている。パーソナル・コンピュータの黎明期と同じく、ハードウェアとソフトウェアを同時に開発していることがその理由のひとつだと僕は考えているが、５年後の未来はまだ誰にもわからない。そして、個別に異なるシステムや普及機の時代に入れば、クローズドな戦略は突如として裏目に出てしまう可能性も大きいのだ。

日本に残されたふたつの道、アメリカか？ 中国か？

米中の争いは、中国が圧倒的に優位

ＤＪＩに代表される新興中国企業は、「ものづくり力」が高い。コストパフォーマンスに優れた製品を、ものすごいスピードで生み出すことができる。一方で、デザインとマーケティングに関しては弱いと言われてきた。ところが最近になって、こうした傾向には変化が生じはじめている。

このところ、ＤＪＩのマーケティングは格段にうまくなったと感じる。ＤＪＩのメンバーによれば、アメリカやイギリスのマーケティング会社を使うようになったのだという。また、海外のマーケティング会社で経験を積んだ中国人が、続々と母国に戻ってきていることも影響しているのだそうだ。

開発力に加え、マーケティングの能力も身につけつつあるＤＪＩ。現在のところ、ドローン業界における米中の覇権争いは、中国のほうがかなり優位に見える。

何しろ、アメリカの名だたる投資会社が、３Ｄロボティクスではなく ＤＪＩへの投資に積極的だからである。中でもＦａｃｅｂｏｏｋへ初期の段階から投資したアクセルパートナーズは、ＤＪＩへの投資に積極的だ。その上、ＤＪＩとアクセルパートナーズで、スカイファンドなるものを立ち上げた。スカイファンドは、ドローンに関連するスタートアップやプロジェクトを専門にしたファンドだ。

また、ＤＪＩ自らが、大型カメラメーカーであるハッセルブラッドの株を取得し、協業を発表した。遠くないうちに、「空飛ぶハッセルブラッド」が登場すると思われる。ＤＪＩは、他の企業を一歩も二歩もリードしている。ただし、このまますんなりと勝負が決まるとは限らない。アメリカは、ネットワーク化されたドローンの根幹となるAI技術を多く蓄積している。勝負の行方は、まだまだわからない。

ソフトに弱い日本はどちらに舵を取るべきか？

日本はよく「ものづくりの国」だと言われる。過去も現在も技術力の高さは確かにある。一方、ソフトウェアについては極めて弱い。コンピュータやスマートフォン用のOSは、ほとんどがアメリカ製の翻訳にすぎず、海外で大きなシェアを獲得した国産アプリケーションも登場していない。言語の問題もあって、今後もソフトウェアづくりに関しては正直厳しいだろう。

ドローン作りには、ハードウェアとソフトウェアの両方が不可欠であることは、本書で何度か述べてきた。そこで、ソフト面が弱い日本としては、ふたつの道が考えられる。

ひとつは、ソフトウェア作りに長けたアメリカに徹底的に協力すること。「アメリカ（主導のオープンソースを含む）のソフト＋日本のハード」という例は、過去にもたくさんある。この場合のハードは、機械単体を意味しない。あくまでもサーバー構築同様、個別に「組み上げたシステム」までを意味している。よって、小型で高性能なドローン機体の開発と、街中にセンサーを埋め込む都市設計を前提にした大規模なハードウェア・システムインテグレーション、それにアメリカのＡＩを軸にしたソフトウェアとネットワークの組み合わせは、両国の強みを合体させて大きな力を発揮することができると思われる。そのためには日本政府は、アメリカの共和党ではなく、民主党ともう少し近くなる必要があるだろう。なぜなら、アメリカのＩＴ企業のほとんどは民主党支持で、民主党が政権の座に就いたときにはシリコンバレーの意向が強く反映されるからだ。

もうひとつは、中国と協力する道だ。日本と中国は隣国同士。協力し合うことは地政学的に市場をかんがみても、お互いにとってメリットが大きい。また、現在の勢いを見ると、中国に協力するほうが「勝ち馬に乗る」可能性が高いかもしれない。ただ、この方向性はリスクも大きい。アメリカとの関係は悪化するだろうし、日本が中国の下請け工場のようになってしまう危険性もはらんでいる。

その上、中国人は中国人すら信用していないので、日本人を信用するとは到底思えない。すなわち、心臓部であるフライトコントローラーやＯＳをオープンにすることは絶対にないのだ。

ということは、現段階で日本が進むべき道は、アメリカとの協力関係を前提にしながら、オープンソースを使った中国に負けないドローンの製造と、日本独自の「３Ｄスマートタウン」や「ドローン・シティ」ともいえるシステムインテグレーションのノウハウを構築することにある、と僕は考えている。

そのドローンは、小型で高性能な「インターネットの延長線上にあるドローン」でなくてはならない。そのネットワークの大きな源のひとつは、グーグルなど今日のインターネットの覇者でも構わない。だが、端末であるドローンおよび大規模なシステムインテグレーションは、日本が世界のリーダー国としてあらねばならない。今も世界に冠たる家電大国でゼネコン大国の日本なら、まだ大きくリードできるはずだ。

だが今、アジアでそのポジションを虎視眈々と狙っているのは、韓国と台湾である。そして、ＤＪＩに続く広東チャイニーズ・シリコンバレーの新興企業が、オープンソースを手がけはじめ、次のビジョンに挑もうとしている。だから日本に残された「決断」までの時間は極めて短い。

日本のスマートフォン戦略失敗の二の舞いは許されないが、このままでは同じ道をたどってしまうようにも思える。世界中が及び腰である街中をドローンが飛び交うような実験的な場所、センサリングされたスマートな「ドローン・シティ」を、日本のどこかに早急につくる必要がある。そして、インフラごと世界へ輸出するのだ。

大量の小型ドローンが、フォーメーションを組み、人と共存する街づくり。それは、僕が四半世紀前に見たフロリダの「ビデオ・オン・デマンド」の実験と同じく、わかる者だけが未来を感じる場所になり、世界に冠たる最先端の地域振興にもなるはずだ。

その日本で行われた風景を見て、未来を感じる者たちは、きっと次のグーグルやアマゾンを起業することになるだろう。僕はそれが日本人であることを、今も期待してやまない。

おわりに

ドローンを墜落させないための最低限の知識

まず電子コンパスの仕組みを理解しよう

僕が毎週発行しているメールマガジン『高城未来研究所』の読者には、かなり前からドローンビジネスの可能性を説いてきた。読者の中には30万円の投資で500万円稼いだり、200万円の投資で3000万円稼いだ人もいて、お礼のメールを多々頂戴する。年率500%の伸び率がある業界なので、格段この数字に驚くことはない。

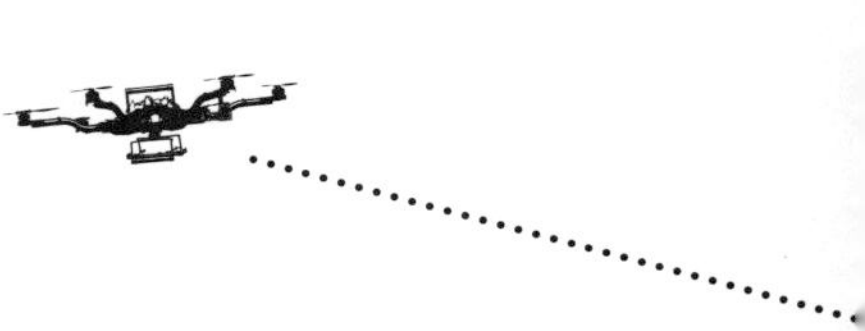

友人知人のプロカメラマンにもドローンの可能性を話し、実際に導入したカメラマンも多い。建設中のタワーマンションの鳥瞰写真やソーラーパネルを空から撮影するなど、今までは来なかった仕事を次々と手に入れ、あっという間に売り上げは、「地上から撮るカメラマン」を「空から撮るカメラマン」が抜き去ることとなった。この勢いは、もう数年は続くだろう。

そんな周囲やメールマガジンの読者の悩みは、やはり墜落事故である。こればかりは避けて通れないように思われるが、さて、本当にそうだろうか？

ここでは、「ドローンを墜落させないための最低限の知識」を、僕なりに書きとめておきたいと思う。

まず、多くの人たちに話を聞いてみると、ＧＰＳや電子コンパスの仕組みを理解していないことに驚く。これは、ドローンを扱う人に限らず、スマートフォンを持つほとんどの人々にも、同じことが言えるかもしれない。

ドローンの内部はほとんどスマートフォン同然であることは、本書で何度も記したが、誰もが持っていて誰もが使用しているＧＰＳや電子コンパスを、ほとんど理解していないのではないだろうか？

スマートフォンを触っていると、時には電子コンパスを補正するように求められることがある。ｉＰｈｏｎｅだと８の字を書くように本体を動かすことを求められるが、この作業はどこで行ってもいいわけではない。電子だろうがコンパスはコンパスなので、大きな鉄の塊、例えば自動車などからは５メートル以上離れてコンパスの補正をするのが正しい。

また、スマートフォンの「北」は、真北ではなく磁北だ。地球は少し傾いていて、真北と磁北は異なる。だから、旅先で手に入れた地図の「北」とスマートフォンの「北」は異なっている。そして、その選択をする設定もほとんどのスマートフォンにある。これを理解していないと、地図や太陽の方角を見間違えることになる。恵方巻きを食べる際に、方位を気にしてスマートフォンで確認する人を見るが、これを理解していなければその方位は間違っていることになる。

同じく、ドローンを飛ばすときには「コンパス・キャリブレーション」が必要だ。これはスマートフォンと同じで、機体に「北」を教えることが不可欠なのだ。このコンパス・キャリブレーションは、毎回飛ばすたびに必要なわけではないが、飛行機や船に乗ったりして、大きな金属の塊のそばにそれなりの時間置いていたら、必ずする必要がある。

その際にもやはり、自動車をはじめ、そばに大きな金属の塊がある場所から離れなくてはならない。古い橋の欄干のそばなどもってのほか。これを知らずに不適切な場所でコンパス・キャリブレーションを行ってしまうと、初めは飛ぶが、上空で間違った方位情報であることを理解した機体は、間違った方向へ飛んで行ったり、墜落してしまうことになる。すなわち、これは機体の問題ではなく、操作する人の問題なのだが、それすら理解していないとただ落ちただけになって、場合によっては翌日のニュースになることもあり得るのだ。

ドローンのGPSの特性を理解しよう

続いてGPSだ。このGPSもほとんどのスマートフォンに受信機が内蔵されているが、さて、GPSとはどこから来る信号なのだろうか？　上？　空？

GPSはグローバルポジショニングシステムと呼ばれる軍事テクノロジーで、現在、世界では70機以上の人工衛星が飛んでいる。その大半はアメリカ、ロシア、中国のもので、そのうち高機能のスマートフォンやドローンが受信できるのは、およそ60機弱。この人工衛星は時計を内蔵していて、グリニッジ標準時より17秒ほど進んでいる。その時計電波を数方向から受信し、時差から現在地を割り出す仕組みを、一般的にGPSと呼ぶ。

この人工衛星は、基本的に赤道面上を飛んでいる。だから、極地ではGPSがあまり機能しない。より赤道に近いほうがGPSの時計電波をつかまえやすく、誤差も少ない。よって、日本であれば北海道より沖縄のほうがGPSを多くつかまえやすく、リスクも少ないことになる。

それゆえ、僕は初心者には、南の島でドローンを飛ばすことをメールマガジンで推奨している。だから、ＧＰＳの位置は上でも空でもなく、東京から見れば南の上空およそ17度あたりとなり、この方角が開けていれば、それなりに安心してドローンを飛ばすことができるのである。

だがスマートフォンは、ＧＰＳと言いながらも実際は携帯アンテナの基地局も利用して、マップ上の自分の場所を割り出している。この感覚でＧＰＳはどこでもキャッチできるものだ、と思い込んでいる人もいるだろう。しかし、ドローンは携帯キャリアが提供しているハードではないので、携帯用のアンテナはまったく関係ないことになる。すなわち、スマートフォンのＧＰＳとドローンのＧＰＳは別ものである、と考えなければならないのだ。

バッテリー残量と気圧、気温の関係を理解しよう

続いては、気圧とバッテリーだ。山に登れば気圧が低くなるので、その分、重力に逆らい負担がかかる。それによって、バッテリーの持ちが突然悪くなることが起こる。普段、河原で飛ばしていたときには15分飛んだのに、山に持って行くと10分も飛ばなくなるようなことは、よくあるのだ。

だから、「あと5分は飛ぶはず」と思い込んで飛ばしていると、突然バッテリーがなくなり墜落することがある。しかも、冬山だとなおさらだ。リチウムバッテリーは、その特性から寒さに極めて弱い。そのため、バッテリーを想像以上に温めておく必要があるのだ。それは、使い捨てカイロで温める程度ではなく、温度が逃げないクーラーボックスやバッテリーヒーターを用意して、芯から徹底的に温めなくてはならない。

また、発火の危険を伴うことから、ほとんどの航空会社はリチウムバッテリーの運搬を機内手荷物だけ許可してはいるが、飛行機に乗る際に荷物の中にたまたまバッテリーを入れたままチェックインして極寒の貨物室に預けていたり、車にバッテリーを

ひと晩置いたままにしたら、完全に冷え切ってしまっていると考えて間違いない。そして、リチウムバッテリーは徐々になくなっていくのではなく、15％程度の残量から驚くべき速さで減っていく。だから、「あと15％あるから大丈夫」と考えることが最も危険だ。必ず残り30％の時点で帰還させることが鉄則になる。

このように、実はドローンはスマートフォンと同じ機能を持っている。しかしスマートフォンは飛ぶこともないし、墜落することもないので問題は起きなかったが、基本的な機能を理解しなくても飛ばすことができる今日のドローンは、大事故につながる可能性がある。あまり頭でっかちになりすぎても楽しめないが、最低限の知識だけは持っておくことが、実は何よりもドローンを使用する者の道徳だと僕は考えている。これらが、幾度となく自機の墜落を目の当たりにした、僕の自戒であり教訓だ。

ドローンで変わった僕のライフスタイル

また、ドローンは僕のライフスタイルを大きく変えた。それまで、「夜型&都市型」だった生活を「朝型&南の島型」に完全に変えることになった。ドローンは夜飛ばせない上に、都市でのフライトは規制などで難しくなったので、結果的に早起きすることになり、また、GPSがつかまえやすく、飛ばしても安全な南の島々にいることが増えていった。このライフスタイルの大きな変貌(ドローン健康法)は、また別の機会にゆっくりお伝えしたいと思っている。

そして、本書で描いたインターネット化され自律飛行ドローンが飛び交う未来の次は、いよいよ理性を持ったドローンの登場となる。そのベースとなる、いわゆる人工知能の鍵は、理性を司る大脳新皮質のシミュレーションにかかっている。そのためには、人間の「脳」力を先にアップさせねばならないのだが、これはテクノロジーとはまったく関係ない話で、よく言われるディープ・ラーニングがどうのこうのとはまったく異なる。現在の人間の「脳」をいくら考えても仕方がないのだ。

人類は今、数千年ぶりの進化の過程にさしかかっており、先に人間の脳をバージョンアップさせることが必要なのである。この僕のイカれた未来譚も、別の機会に書きたいと思う。

本書の出版にあたり、多くの方々に大変お世話になりました。集英社の藤井真也さん、出版プロデューサーの久本勢津子さん、データを丁寧に集めてくれた白谷輝英さん。また、取材に協力してくれた多くの皆さんや、ドローンビジネスの可能性を追求し、未来を共に描こうとしている仕事仲間にも感謝したく思います。

時代は1993年の、コンピュータやインターネットを取り巻く環境に酷似しています。グーグルもYahoo!もアマゾンも、これから始まるのです。

高城《たかしろ》剛《つよし》

TSUYOSHI TAKASHIRO

１９６４年東京都葛飾区柴又生まれ。

日大芸術学部在学中に「東京国際ビデオビエンナーレ」グランプリ受賞後、メディアを超えて横断的に活動。自身も数多くのメディアに登場し、ＮＩＫＥ、ＮＴＴ、パナソニック、プレイステーション、ヴァージン・アトランティックなどの広告に出演。総務省情報通信審議会専門委員など公職歴任。２００８年より、拠点を欧州へ移し活動。

現在、コミュニケーション戦略と次世代テクノロジーを専門に、創造産業全般にわたって活躍。

著書に『世界はすでに破綻しているのか?』（集英社）、『ヤバいぜっ！　デジタル日本』『オーガニック革命』（集英社新書）、『グレーな本』（講談社）、『２０３５年の世界』（ＰＨＰ研究所）、『人生を変える南の島々』（パブラボ）などがある。

デザイン　村沢尚美（NAOMI DESIGN AGENCY）
出版プロデュース　久本勢津子（CUE'S OFFICE）
取材・編集協力　白谷輝英

扉ページの写真は、著者が現在製作中の「人間とドローンの新しい未来」を描いたショートフィルムのワンシーン。

空《そら》飛《と》ぶロボットは黒《くろ》猫《ねこ》の夢《ゆめ》を見《み》るか？

ドローンを制《せい》する者《もの》は、世界《せかい》を制《せい》す

2016年3月30日　第1刷発行

著者　高《たか》城《しろ》　剛《つよし》

発行者　加藤　潤

発行所　株式会社　集英社
〒101-8050
東京都千代田区一ツ橋2-5-10
編集部：03-3230-6068
読者係：03-3230-6080
販売部：03-3230-6393（書店専用）

印刷所　凸版印刷株式会社

製本所　ナショナル製本協同組合

集英社ビジネス書公式ウェブサイト　http://buisiness.shueisha.co.jp/
集英社ビジネス書公式Twitter　http://twitter.com/s_bizbooks (@s_bizbooks)
集英社ビジネス書FACEBOOKページ　https://www.facebook.com/s.bizbooks

Printed in Japan　ISBN　978-4-08-786062-7 C0095